살아있는
유전자

Das Werden des Lebens
by Christiane Nüsslein-Volhard

Copyright ⓒ Verlag C.H. Beck oHG, München 2004
Korean translation copyright ⓒ 2006 by Ichi Publishers
All rights reserved. This Korean edition is published by arrangement with Verlag C.H. Beck oHG
through Eastern Insight Agency.

이 책의 한국어판 저작권은 이스턴 인사이트 에이전시를 통해 Verlag C.H. Beck oHG 사와
독점 계약한 도서출판 이치에 있습니다. 저작권법에 의하여 한국 내에서 보호받는 저작물
이므로 사진을 포함한 본문 내용에 대한 무단전재와 무단복제를 금합니다.

# 살아있는 유전자

크리스티아네 뉘슬라인폴하르트 지음

김기은 옮김

## |역|자|의|말|

　최근 몇 년간 생명의 발생과 발전에 관한 지식이 철학적·윤리적·종교적인 차원보다는 부분적으로 사람이 사용하고 활용할 수 있는 의학·산업 분야에 대한 적용 및 이용 가능성이 제시되면서, 국가적으로나 사회적으로 관심도가 매우 높아지고, 경제적 지원이 국가나 산업계에서 적극적으로 형성되는 계기가 되었다.

　생명공학 분야에 대한 국민적 관심과 기대는 교육의 정도, 전공, 직업과 관계없이 매우 빠르게 확산되었으며, 여러 가지 일과 사건의 발생으로 그 관심 정도는 고조되었다. 한국의 전자정보통신 분야에 대해 인정과 관심을 보냈던 세계 각국은 생명공학 분야에서도 대화와 협력의 가능성을 모색하기에 이르렀고, 최근 발생된 일과 수습 과정을 통해 한국의 과학기술, 과학자 그리고 한국은 세계와 스스로 더 큰 신뢰를 받을 수 있게 되었다. 이러한 상황에서 생명의 생성에 대한 본 역서는 생명공학 분야에 관심을 가지고 있는 사람들에게 총체적인 지식을 취합하여 전달할 수 있으리라 기대된다.

　이 책에서는 생명 생성의 매우 복잡한 과정과 이론들을 간단한 그림을 활용하여 이해하기 쉽게 설명하였다. 특히 사람의 역사에서 과학기술이 발달하기 전에 생명의 생성 과정에 대해 있어 왔던 여러 가지 추측 내용들을 설명하였다. 고대 철학자와 과학자들의 생명 생성 과정에 대한 가설들과 오늘날 체험하고 있는 과학기술과 생명 생성 과정의 경이로움, 인간의 존엄성에 대해 생각할 수 있는 기회를 제공하고 있다.

원서의 저자인 크리스티아네 뉘슬라인폴하르트는 생명 생성 과정에서 단백질의 농도구배를 통해 여러 기능과 구조가 생성된다는 것을 발견하고 이것을 증명하여 노벨상을 수상하였다. 이 책은 자연과학서이면서 생명존중에 대한 생각, 법에 대한 이해와 문제점에 대하여 설명하여 최근 생명윤리에 대한 논쟁도 독일의 경우와 비교할 수 있을 것이다.

이 책을 번역 출판하기까지 많은 도움과 배려를 지원하신 북스힐 출판사 관계자에게 진심으로 감사하며, 특히 많은 시간을 같이 하지 못하고 있음에도 불구하고 잘 자라주고 있는 아들 민현이에게 고마움과 사랑을 전한다.

2006년 6월 연구실에서
김 기 은

| 저 | 자 | 의 | 말 |

생명체는 지구상에서 가장 신비로운 존재들이다. 노른자와 흰자, 보호막으로 구성되어 있는 알에서, 순식간에 먹을 수 있고 볼 수 있는 생명체가 생성된다. 알의 외부에서는 인큐베이터로 적당한 온도만 맞추어 주면 생명체가 탄생하는데, 사실 이것은 기적과 같은 일이다. 그러나 생명체도 단순히 탄소, 산소, 질소, 수소와 같은 원소가 결합된 분자로 구성되어 있다. 분자의 구조에 따라서 다른 분자와의 반응이 결정되고, 생명체에서도 물리·화학 법칙이 적용된다. 그러면 이러한 질서는 어떻게 유지되고 만들어지는가?

살아 있는 생명체들은 스스로 개체를 늘릴 수 있으며, 이것은 생명체가 스스로 같은 모습을 복사하는 모델이 되고 있다는 것이다. 핵산으로 되어 있는 유전자는 구조적인 특징으로 자가복제가 가능하지만, 다른 물질의 도움을 필요로 한다. 바이러스들은 유전자물질로 되어 있지만, 복제를 하려면 살아 있는 세포를 필요로 하므로 이들은 생물과 무생물의 중간 형태로 정의된다. 따라서 생명을 유지하는 기초 단위는 유전자가 아니라 세포라고 할 수 있다. 세포들은 효소구성물질을 증식시킬 수 있는 유전자를 보유하고 있다. 유전자들은 세포가 성장·증식·분화하고, 새로운 세포를 생성할 수 있도록 지도하고 이끌어가는 역할을 한다.

이 책에서는 다세포 동물의 배와 유전자의 기능·역할에 대해서 다룬다. 수정난 안에서 발생되는 개체는 어떻게 부모와는 다른 모습으로 발전되는지, 수정된 계란에는 그 안에서 우리가 알고 있는 물리·화학적 원리에 따라 질서를 유지하면서 에너지를 공급하는 영양 물질 외에 무엇이 있으며, 어떤 과정을 거쳐 다양한 종류의 세포가 형성되는가에 대해서 다룬다. 또한 어떤 과정을 거쳐서 스스로 생명을 유지할 수 있는 생물체가 되며, 아이들은 어떻게 부모를 닮게 되는가에 대해서 다룬다.

지난 50년간 DNA의 구조와 반응 과정을 발견하였고, 유전자가 해독되고 단백질들이 알려지고, 분자생물학적 방법으로 생물체에서 유전자를 분리하고 기능을 밝히는 등, 이러한 일련의 과정들에 대해 많이 이해하게 되었다. 따라서 생명체에 대한 여러 가지 오랫동안 가져왔던 의문을 풀고 결과에 가까이 갈 수 있었다. 본 저자가 공부하던 시절에는 발생생물학에서 다루는 내용도 다양하고 실험방법들도 복잡했다. 서로 모순되는 이론들과 내용들에 대해서는 어느 곳에서도 다루어지지 않았고, 중요한 내용과 그렇지 않은 것을 구별하기도 어려웠다. 그러나 오늘날에는 유전자와 유전자 생산물에 대해서 증명하기도 쉬우므로 매우 정확하게 내용이 파악된다. 일반적으로 인정되는 이론들은 간단하고 구체적으로 설명될 수 있으므로, 이러한 이론을 다루는 유전학과 발생학에 대한 교과서들은 부피도 크지 않고 간결하다.

  이 책은 발생학을 전공으로 하지 않으나 이 분야에 관심을 가지고 있는, 예를 들면 화학자·물리학자·의사들이 세세한 부분보다는 전반적인 내용을 이해하고자 할 때 유용할 것이다. 유전과 배아에 대한 관심을 가지고 있는 철학자·법률가·정치가·종교학자들에게도 읽혀지기를 소망하고, 정치적인 토론의 장이 될 수 있기를 기대한다. 중학생·고등학생·대학생뿐만 아니라 교사들에게도 발생학에 대한 지식을 넓히는 데 도움을 줄 것이다. 그렇지만 발생학에 대한 총체적인 내용은 다루지 않았다.

  생물체의 분자나 구조가 자주 다루어지는 테마는 아니므로 세세한 내용보다는 전반적인 내용을 다루었으며, 자주 사용되는 표현은 '용어정리'에 모아놓았다. 책의 내용은 생화학적 지식과 세포생물학적 관점에서 설명하였는데, 분자물질에 대한 내용보다는 형태의 생성과 유지에 대해서 좀더 자세히 다루었다. 전 과정의 매우 복잡한 특징이 살아 있는 생물체를 더 신비스럽고 풍부하게 하고 있다. 생물체 형태의 생성과정에 대한 설명은 이 책의 중심 내용에 속한다. 배아는 시간적 공간적으로 분자학적, 세포학적 작용으로 생성된다. 지속적으로 관여하는 요소들이 많아지므로 이 과정을 이해하려면 인내가 필요하다. 이 책에서는 이 과정을 간결하게 설명하였으므로, 마치 전 과정이 매우 단순하게 보일 우려가 있다. 특히 포유류의 경우 과정이 훨씬 복잡하므로, 이러한 과정을 단순화시킴으로서 전체적인 이해를 도모할 수 있는 것도 장점이라 할 수 있다. 생명체의 구조는 훨씬 복잡하다.

이 책은 10개의 장으로 구성되어 있는데 전체적인 내용은 크게 네 부분으로 나눌 수 있다. 첫 번째 부분에서는 전체적인 이해를 위해서 진화론과 세포생물학, 분자생물학의 기초 이론을 다루었다. 두 번째 부분에서는 발생과정에서 유전자의 역할과 형태의 생성과정 등에 대하여 초파리의 경우를 예로 들어 자세히 설명하였다. 이 분야에서 초파리는 이해하기 쉬운 연구 결과를 보여주는 대표적인 실험 대상으로 연구자를 기쁘게 한다. 형태의 형성 과정을 초파리만큼 일목요연하게 보여준 실험동물이 아직까지는 없는 것 같다. 세 번째 부분에서는 형태 형성과 성장 과정을 세포생물학적 관점에서 다루고 있다. 많은 포유류에서 발생 과정을 추적하는 연구는 매우 어렵지만, 사람 배아 발생 과정과 비교하면 이해가 더 쉬워진다. 마지막 부분에서는 사람의 진화와 생물학, 유전자 연구와 이 분야 연구에 대한 정치적인 관점에서 몇 가지 사항을 다루었다. 이해를 쉽게 하기 위해 손으로 그린 듯한 그림들을 첨부하였다.

이 책을 읽고 더 자세하고 많은 내용을 알고 싶다면 다음의 서적을 참고하기를 바란다. 예를 들면 브루스 앨버트(Bruce Alberts) 등이 저술한 《세포의 분자 생물학 Molecular Biology of the Cell》을 들 수 있다. 이 책은 분량이 무려 1,500여 쪽으로 많은 내용이 서술되어 있으나 이 분야의 모든 내용을 담은 것은 아니다. 기본적으로는 루이스 볼퍼트(Lewis Wolpert), 스코트 길버트(Scott Gilbert)와 조나단 슬랙(Jonathan Slact) 등이 저술한 《발생생물학》을 권하며, 발생과정을 진화의 관점에서 서술한 책으로는 존 게하르트(John Gerhart)와 마르크 킬시너(Marc Kirschner)의 《세포들, 배아와 진화 Cells, Embryos and Evolution》도 추천한다. 발생학을 해부학적 관점에서 서술한 울리히 드류스(Ulrich Drews)의 《발생학 사전 Atlas der Embryologie》도 발생학에 대한 깊고 넓은 내용을 담고 있다.

이 책 완성되는 과정에서 많은 조언과 비평, 칭찬을 하여 도움을 준 헤르만 아벌(Hermann Aberle), 토마스 뵘(Thomas Boehm), 프리드리히 본회퍼(Friedrich Bohnoeffer), 호세 캄포 올테가(Jose Campos-Ortega), 토마스 그라프(Thomas Graf), 요그 그로스한스(Jorg Grosshans), 마티아스 하머스미트(Matthias Hammerschmidt), 디트리히 클로제(Dietrich Klose), 야나 크라우스(Jans Krauss), 마리아 렙틴(Maria Leptin), 스테판 슈노러(Stefan Schnorrer), 베티나 쉐네 자이퍼

트(Bettina Schone-Seifert), 리차드 슈뢰더(Richard Schroeder), 크리스티안 자이러(Christian Seiler), 랄프 조머(Ralf Sommer), 앤 스팡(Anne Spang), 니나 보그트(Nina Vogt), 크리스티아네 웨버 하스머(Kristiane Weber Hassemer), 데트레프 바이겔(Detlef Weigel), 에른스트 루드비히 위네커(Ernst Ludwig Winnacker) 등의 친구, 동료들에게 감사한다. 표지 사진을 맡아준 다렌 길머(Daren Gilmour)에게 고마움을 표하며, 특히 교정을 맡아준 마리아와 하랄드 슈나벨(Maria & Harald Schnabel), 야나 크라우스(Jana Kraus), 비안카 프리스터(Bianca Priester)와 베른하르트 무시안(Bernhard Moussian) 등에게도 감사의 마음을 전한다. 그림은 본인의 실험실에서 그려졌으며 잘못 그려졌거나 분명하지 못하게 그려진 부분은 전적으로 저자인 나의 책임이다.

2003년 10월 튀빙엔에서
크리스티아네 뉘슬라인폴하르트(Christiane Nuesslein-Volhard)

| 차 례 |

■ 역자의 말 • v
■ 저자의 말 • vii

# I 계통과 유전    1

1. 자연의 구조 : 칼 폰 린네 • 3
2. 진화론 : 찰스 다윈 • 5
3. 유전 법칙 : 그레고르 멘델 • 11

# II 세포와 염색체    15

1. 세포들과 세포분열 • 16
2. 수정 과정 • 19
3. 염색체와 유전자 • 23
4. 생식과 클론 • 26
5. 세포질과 환경의 영향 • 29

# III 유전자와 단백질    33

1. 초파리 유전학 • 35
2. 돌연변이 • 40
3. 유전자의 분자적 특성 • 43
4. DNA 자가복제 • 49
5. 유전공학 • 50
6. 다세포생물의 유전자 • 54

## Ⅳ 발생과 유전학 ... 61

1. 모델 생물체 • 63
2. 초파리의 발생 • 65
3. 발생 유전자 형성 과정 • 70
4. 유전자의 논리 • 73

## Ⅴ 분자유전학적 모델 ... 79

1. 농도구배도 • 81
2. 조 합 • 85
3. 유도와 시그널 전달 • 93

## Ⅵ 형태와 변형 ... 103

1. 세포와 세포 조직 • 104
2. 운동 형태 • 109
3. 세포의 분열, 성장 그리고 죽음 • 112

## Ⅶ 척추동물 ... 119

1. 개구리, 물고기와 새 • 120
2. 포유류 : 쥐 • 130
3. 척추동물에서의 농도구배, 초기 모델과 유도 • 139

## VIII 사람　　　　　　　　　　147

1. 생식세포의 생성 • 148
2. 난자에서의 발생 과정 • 153
3. 자궁에서의 변화 • 154
4. 유전자와 질병 • 161

## IX 진화, 설계도와 유전자　　　167

1. 동물의 발생 • 169
2. 캄브리아기의 대폭발 • 172
3. 새로운 구조 원칙 • 175
4. 유전자 • 178
5. 사람의 진화 • 183

## X 논쟁의 핵심이 되는 문제　　　189

1. 유토피아 • 191
2. 클론 • 194
3. 체외에서의 사람 배아 • 197
4. 디자인된 아기? 원하는 대로 만들어지는 아기? • 201
5. 유전자 치료법 • 202
6. 사람의 배아줄기세포 • 204
7. 윤리적 관점에서 본 배아 연구 • 206

■ 과학기술 분야 연대별 사건 • 209
■ 용어 정리 • 213
■ 찾아보기 • 231

# I 계통과 유전

주로 겨울에 짝짓기를 하는 암컷 곰은 홀로 굴속으로 돌아와 약 30일 후에 대략 5마리의 새끼를 낳는다. 갓 태어난 새끼 곰은 우윳빛 태반에 쌓여 생쥐보다 약간 크고 발톱만 갖춘 형태이지만, 어미 곰이 핥으면서 태반이 제거되면 드디어 곰의 형태가 드러난다. 플리니우스(Plinius, 기원전 23~79년)는 이렇게 생물학적으로 형태가 형성되는 과정을 재미있게 설명하였다. 동물의 발생 과정에 대한 의문은 이미 오래 전부터 자연에서 일어나는 반응에 대해 사람들이 느꼈던 많은 호기심 중의 하나였다. 현미경이 발명되기 전과는 달리 동물과 인간의 발생 과정을 연계하면서 동물의 발생 이론은 논란의 중심 테마가 되었고, 이론을 증명할 수 없었으므로 논란은 계속되었다. 인류의 발생에 대해서는 전성설(발생 초기부터 나중에 어떤 기관이 형성될 것인지 이미 결정되어 있는 알인 모자이크란(mosaic egg)이라고 주장하였다)이 대표적이었다. 그 후 '미소체(Homunculus) 이론'이 나왔다. 이 이론은 정자 안에 형성되는 생물체는 이미 완전한 형태를 갖추고 있으며, 자궁의 활동을 꽃밭에 있는 식물의 씨앗에서 싹이 나고 자라는 과정과 같은 것으로 본 것이다. 후에 인정받은 이론에서는 알에서 이미 생명이 형성되는 것으로 주장하기도 하였지만, 발생 과정에서 각 단계는 이미 생명이 예정된 것으로 이해하기도 하였다. 이러한 이론에서는 한 생명체가 발생하면서 다음 과정이 이미 내정되어 있어서 형성되고, 다시 다음 과정도 연속해서 일어나는 것으로 보았다면, '이브'의 몸 안에는, 마치 잘 만들어진 러시아의 인형(마트로시카(matryoshka) : 정교한 그림이 그려진 통통한 인형을 돌려서 열면 그 안에서 또 다른 인형이 나오고 그것을 열면 더 작은 인형이 숨어 있는 러시아의 목각 인형)같이 현재 인간의 세대가 이미 계획되어 있었을 것이라고 가정할 수도 있다. 그러나 이러한 이론은 논리적으로 타당하지 않다. 왜냐하면 난자에는 발생에 필요한 매우 적은 양의 물질만이 함유되어 있으므로, 전체 세대에 대한 정보가 동시에 존재하기는 불가능하기 때문이다. 따라서 미리 형태가 형성된다는 이론은 타당하지 않다. 그러므로 각 세대마다 새롭게 형태를 만들기 위한 메커니즘을 가지고 있을 것이라는 이론이 논리적으로 타당성을 인정받을 수 있다.

 19세기까지는 전성설 이외에는 별 다른 이론이 없었으므로 전성설이 지배적이었다. 그래서 과학적 지식이 일반적이지 않았을 때만 해도 사람들은, 나무 마디가 오리의 모태가 되었다거나 밀가루 덩어리가 쥐의 모태가 되었을 것이라는 추측을 믿기도 했다.

 동물의 발달사에서 동물은 단순한 모양에서 복잡한 형태로 발달한다고 하였다. 각 동물들은 교배된 난자 세포로부터 시작되어 성숙되었을 때는 전혀 다른 모양과 구조로 변화한다. 이러한 변화는 과정별로 유충 단계(larvale), 성충 단계(juvenile)로 구별된다. 이러한 단계를 거쳐서 성충이 되면 유충 단계와 비교하여 모양 등이 완벽하게 달라지기도 한다. 이러한 현상은 단순한 형태에서 복잡한 형태로 되는 과정이다. 난자로부터 시작되는 생물체가 어떻게 부모를 닮게 되는지, 파리의 알에서는 어떻게 항상 파리가 발생되는지, 달걀이 병아리로 부화하는 등 모든 것이 놀랍기만 하다. 한 마리의 동물 개체가 어떻게 생성되는지와 개체의 변화와 세대별 유전자 간에 존재하는 밀접한 관계에 대한 문제는 결국 발생학, 유전학, 배와 유전자로 연결된다.

## ① 자연의 구조: 칼 폰 린네

아리스토텔레스(Aristoteles, B.C. 384~322년)는 생물학과 생명론의 창시자로서, 현상 관찰을 통해 여러 자료를 수집해서 생명 이론을 주장하였다. 그는 이미 전성설과 생명이 새롭게 형성된다는 이론을 차별화하여, 후자에 비중을 두었다. 그는 달걀이 닭으로 변화하는 과정을 관찰하고, 단순한 모양에서 복잡한 형태로 변화하는 것을 설명하였다. 또한 이미 부화가 시작된 달걀을 깨뜨렸을 때, 사람의 눈으로 관찰할 수 있는 닭의 심장을 '뛰는 점'으로 표현하였다. 그의 묘사가 항상 옳지는 않았다. 예를 들면 장어는 지렁이로부터 발생하였을 것이라고 하였고 조류, 포유류, 곤충, 거미 중 모양이 비슷한 동물들은 같은 계열로 보았으므로, 린네가 세운 기준으로 물이나 흙에서 사는 생물에 대한 설명을 하기에는 부족하였다.

스웨덴의 자연 연구자인 칼 폰 린네(Carl von Linne)는 동물과 식물의 모습을 표현하는 데 많은 연구를 하였으며, 당시로서는 매우 뛰어난 결과를 발표하였다. 오늘날 사용되는 계통학의 기초적인 부분은 모두 그의 연구를 통해서 체계가 잡혔으며 동·식물 종류는 자연 계통으로 분류되었다. 비슷한 특징과 형태를 가진 각각의 종류를 하나의 계통으로 삼았고 (《자연의 체계 Systema nuturae》, 1735), 구별할 수 있는 동물군(또는 식물)들을 교배가 가능한 것으로 보았다. 또한 그는 계통의 이름을 정하였고, 개미군과는 다르지만 비슷한 특징이 있는 개미 종류는 상위 계통으로 분류하였다. 동물 계통의 단위에서 연체동물(조개류, 달팽이류), 절지동물(곤충류, 갑각류, 거미류)과 척삭동물(chordate)은 양서류, 어류, 파충류, 조류, 포유류와 함께 척추동물에 속한다. 이러한 시스템은 지속적인 관찰과 묘사를 통해 보충·수정되었다. 새로운 분류법도 많이 개발되었는데, 예를 들면 유충과 성충 시기는 다르게 분류되었다.

카를 에른스트 폰 베어(Karl Ernst von Baer)는 1828년에 최초로, 성숙한 동물들 간에는 비슷한 점이 관찰되지 않고 배의 크기와 발생과정에서는 다른 종류의 동물들이라 하여도, 유사성이 크다는 사실을 발표하였다. 흥미로운 것은 성장한 물고기와 새는 외형적으로 매우 다르게 보이지만, 그들의 배는 비슷하다. 그러나 찰스 다윈은 종들 간의 이러한 유사점이 창조자의 의도와는 관계가 없다는 사실을 발견하였다. 그는 생물학적 관계에 따라서 같은 조상을 가지고 있을 것이라고 추정하였고, 여러 가지 발견을 통해 진화론의 기초 이론을 마련하였다.

## ❷ 진화론 : 찰스 다윈

우리는 지금도 지구가 계속 변화하고 있다는 사실을 잘 알고 있다. 산맥이 형성되고 땅이 가라앉으며, 많은 지역에서는 온도 및 기후의 극심한 변화에 따라 생태 환경도 변화하고 있다.

찰스 다윈(Charls Darwin)은 전 세계를 여행하면서 독특한 형태의 화석들을 발견하고 관찰하면서, 이미 멸종된 종들이 있음과 생물 종들이 변화한다는 사실을 인지하였다. 갈라파고스 제도(Galapagos Archipe lago, 남미 에콰도르 서쪽 태평양 위에 있는 에콰도르령의 화산섬 제도)에 살고 있는 되새류와 같이 발생한 지 얼마 되지 않은 것같이 보이는 종도 있다. 대륙에 따라서 종들 간에 관련이 있어 보이면서도, 다른 종류의 종들이 같은 조상들로부터 기인되었을 것 같은 종들도 있다.

다윈은 이러한 사실을 자세히 관찰하여 설명하고, 원리 또는 원칙을 알아내고자 노력하였다. 이 원리에는 다양한 종들 중에서 우수한 종만이 살아 남을 수 있다는 명제가 포함되어 있다. 새로운 종은 매우 느리게 생성되지만, 몇 천 년에서 백만 년에 이르는 기간 동안 끊임없이 일정한 방향으로 눈에 띄지 않게 변화한다. 그래서 다윈은 그의 이론을 증명할 수 있는 사항들을 매우 세밀하게 관찰하였고, 드디어 1859년《종의 기원 *The origin of species by means of natural selection*》을 발표하게 되었다.

### 개체군의 조절

이론적으로는 한 부모로부터 두 가지 유전형질의 후손이 태어나지만, 실제로는 두 가지 모습이 아닌 여러 가지 다른 모습을 가지게 된다. 그렇지만 각 개체가 무한정으로 증가하지는 않는다. 환경 조건이 좋은 곳에서는 생물의 개체수가 증가하지만, 반대로 좋지 못한 곳에서는 증가하기 어렵다. 동물은 어려서는 방어 능력이 부족하지만 성장하면서부터는 질병이나, 생명을 위협하는 존재로부터 스스로를 보호하는 능력이 증가한다. 멸종되는 종의 종류나 수도 종에 따라 다르다. 예를 들면 어류인 철갑상어는 매우 많은 양의 알을(caviar) 낳고 돌보지 않지만, 포유류인 코끼리는 단 몇 마리의 새끼를 낳아도 잘 키우려고 노력한다. 만약 동물의 후손이 전혀 죽지 않는다면 그 수는 기하급수적으로 늘어날 것이며, 이는 자원의 고갈을 초래하게 되고 곧 재앙으로 이어질 것이다. 그러나 일반적으로 이러한 개체 수의 증가는 천적 관계의 먹이 사슬이나, 생존을 위한 경쟁관계, 그리고 가뭄·냉해 등의 자연 현상으로 억제된다. 즉, 각 개체들은 무한적으로 증가하기 전에 죽게 되는 것이다.

### 다양성

다윈은 한 부모로부터 태어나는 후손이 완전히 같지는 않지만, 비슷한 형태 가운데 약간의 다양성이 존재하는 것을 관찰하였다. 다양성이란 생존하는 데 매우 중요한 요소이다. 그는 다양성을 통해서 변화하는 생존 환경에 적응하는 개체만이 살아남을 수 있다고 하였다. 온도가 하강하면 동물의 털은 더 빽빽하게 나는데, 물론 이것은 큰 장점으로 작용하지만, 기온이 올라가게 되면 털이 없는 편이 생존에 유리하다. 동물 중에는 감염원에 노출되면 면역력이 강해져서 별다른 변화를 남기지 않고 질병을 극복하는 종도 있다.

다윈은 이러한 다양성이 매우 중요하다고 주장하였고, 이것은 미성숙한 개체들이 살아가면서 생존을 위한 유용한 특징으로 작용하곤 하였다. 또한 그는 이성 간에는 다양성이 쉽게 표현되지 않는다고 하였다. 암컷이든 수컷이든 부모로부터 물려받게 되는 특징들이 혼합되어 새로운 형태가 만들어지기도 하는데, 이때 다양성의 범위가 더욱 넓어진다. 서로 다른 성 사이에서 성적 매력이 있는 개체들은 더 많은 후손을 생성할 수 있게 된다. 진화론에서는 크고 힘이 센 종뿐만 아니라 같은 종 간에도, 한 개체가 아름답고 매력적이며 특이한 색을 띄고 있다거나, 향기를 내는 행위 등은 더 많은 후손을 만들기 위한 것으로 이해할 수 있다. 개체 수의 과잉과 유전적 다양성은 논란의 여지가 없이 분명하게 증명된 개념이다.

### 자연도태

다윈의 이론에서는 같은 부모로부터 태어났다고 하더라도 일생 동안 환경에서 성장하고 살아남은 후손들이 더 중요하게 다루어지고 있으며, 적응하지 못한 쪽보다 더 많은 후손을 낳게 된다. 이것은 결국 삶의 경쟁에서 승리하는 종들이 살아남게 되어, 섬이나 한 지역에 고립되어 있는 그룹들은 적응하지 못한 종들을 만날 수 있는 기회를 잃게 되는 것이다. 다윈은 선택의 원리를 가축을 키울 때 우수한 것을 선택하여 후손을 낳게 하는 경우와 비교하였다. 동물을 키울 때에도 다양성은 중요하다. 닥스훈트(독일이 원산지인 개의 한 품종)는 짧은 다리와 늘어진 귀를 가지고 태어나는데 이것은 유전적이라기보다는 선택된 특징이다. 집에서 기르는 가축의 경우 인위적으로 비교적 짧은 시간 내에 새롭고 특이한 겉모습을 가지고 태어나게 하는데, 반대로 원래 존재하지 않았던 새로운 모습이 자연적으로 생성되는 경우, 다윈은 '자연적 선택, 우성'이라고 하였다. 자연적인 방법으로 선택되어 모습을 변화시키려 한다면 매우 오랜 시간이 걸릴 것이다. 따라서 일반적으로 새로운 종이 태어나는 경우 매우 오랜 시간 동안 천천히 변화하기 때문에 관찰하기 어려울 것이다.

### 진화

'종의 변화와 자연적 친척 관계'는 일반적으로 알려진 창조론과는 대립되는 내용으로 볼 수 있다. 자연계에서 생물의 위치만 보더라도 같은 조상에서 진화되었다고 한다면, 다윈의 이론이 나오기 전의 연구자들은 창조자의 계획에 의해서 이루어졌다고 하였을 것이다. 괴테는 동물들이 서로 비슷한 혈연관계를 가지고 있기에 사람도 포유동물로 분류해야 한다고 주장했었다.

생명은 30억 년 전부터 존재하였고, 처음에는 매우 원시적이고 단순한 형태의 세포에서 시작되었다. 여러 종류의 세포들이 서로 다른 기능을 수행하면서 구성하고 있는 다세포 생물은 약 6억 년 전부터 존재하였다. 오늘날 알려진 동물들은 같은 형태의 다세포로 되어 있고, 생존하는 생물체의 조상과 친척 관계는 마치 나무가 여러 개의 가지를 가지고 있는 것과 같은 형태로 표현되고, 나뭇가지 맨 위에는 오늘날 존재하는 생물체가 위치하게 된다. 옆으로 뻗어 있으며 더 이상 연장되지 않은 위치에는 멸종된 종(지구상에 존재하는 종들 중 99% 이상이 이미 멸종하였다)들이 있다. 같은 종이라 해도 시간이 지나고 여러 세대를 거치면서 새로운 종이 되고 종의 나무에서 새 가지가 만들어진다. 크게 변화하지 않으면서 수백만 년을 생존하고 있는 종들도 있다. 여기에서 보면, 오늘날 생존해 있는 종들의 조상은 현재 생존하고 있는 생물체와 매우 유사했을 것이다. 사람의 조상이 원숭이라고 할 수는 없으나, 원숭이와 같은 조상을 가지고 있을 것이라는 주장은 가능하다.

다윈은 알에서 분화한 모습이 성숙된 개체와 비슷한 것으로 진화론의 기초 이론을 뒷받침할 수 있다고 하였다. 그의 이론에 따르면 창조가 시작되었을 때 동물은 최종적인 형태로 발달한 것이 된다. 그러나 물달팽이와 애벌레가 서로 비슷한 모습인 이유와, 비록 짧은 기간 동안이지만 포유류와 어류가 형성되는 과정이 같아 보이는 것 등은 인정받지 못했다. 성장하는 생명체의 다양성과 적응성도 태어난 후손의 수에 따라서 어떤 방향으로 선택되고 있는지 설명되며, 생명체가 형성되는 과정에 따라 이론이 설명된다. 에른스트 헤켈(Ernst Heinrich Haeckel)은 19세기 말, 각 개체의 혈통 내에서 발전 단계에 대한 이론을 발표하였다. 예를 들어 설명하면, 인류의 조상은 수정란에서 변화하고 발전하는 과정에 보이는 모습과 같은 외모를 가졌을 가능성이 있다는 이론이다. 또한 그는 존재하는 형태에 따라서 '하등'한 것과 '고등'한 것으로 분류하고, 인류는 혈통에서 가장 높은 곳에 위치한다고 주장하였다. 그렇지만 인류보다 열등한 지렁이, 물고기, 개구리나 쥐는 그 전에 존재했을 것이라고 주장하였다. 그러나 성숙한 생명체에서 관찰하지 않고, 수정란의 형태만 본다면 이러한 이론은 옳지 않다.

다윈의 다양성과 선택을 통해 생성된 종류에 대한 이론은 이미 1840년경에 연구되었으나 1859년에서야 발표되었고, 인간의 위치를 창조자로부터 부여받은 왕관으로 보았던 당시로는 매우 놀라운 이론이었다. 다양성과 선택은 진화론에서뿐만 아니라 여러 가지 면에서 매우 중요한 원칙이며 기능이라는 것에 대해 반론은 없을 것이다. 이 이론에서 다윈은 유기 생명체에만 해당되는 것으로 제한하였고, 사회적 현상에 대한 설명은 언급하지 않았다.

이 이론에 의하면, 생명체는 변화하는 과정에서도 일정한 규칙이 있는 것으로 결론지을 수 있으며, 진화 과정을 이겨내고 극복한 생명체만이 오늘날 존재할 수 있다는 사실이다. 오늘날 존재하는 생명체들은 창조자의 디자인에 의해서가 아니라, 생물학적 메커니즘의 결과로 진화하면서 또한 변화를 방어하면서 변화한 것이다. 진화 과정은 각 생명체가 살아 있는 동안 자연적으로, 또는 우연히 체험하게 되는 변화와 선택이 기본을 이루고 있다. 이미 다윈의 혈통 이론은 과학적인 유전자 연구를 통해 증명되었고, 창조론과 비교하여 의심의 여지가 없다.

## ③ 유전 법칙 : 그레고르 멘델

다윈은 유전되는 과정에서 어떤 규칙이 존재하는지 알지 못하였고, 관찰을 통해 개체의 다양성이 실현되었는지를 추정하였다. 다윈은 존재하는 생명체의 특징이 전달되는 사실은 인지하였지만 유전자의 존재에 대해서는 알지 못하였다.

한 세대에서 다음 세대에 전달되는 요소들을 확인하여 우발적으로 발생되는 다양한 요소들 간에 다시 복합적으로 작용하는 규칙을 설명하였다. 이러한 현상을 돌연변이라 하며 이는 생물체에서 자주 발생한다. 오스트리아의 한 수도원에서 수도사로 있던 그레고르 멘델(Gregor Mendel)은 완두콩의 종류들에 따라 빨간색 꽃 또는 흰색 꽃이 피기도 하고, 노란색 또는 녹색 콩이 나는 등의 다양한 특징이 있음을 관찰하였다. 그는 빨간색 꽃을 흰색 꽃과 교배하여 다음 세대를 관찰하였는데, 어느 씨앗에서 정확히 몇 개의 씨앗이 만들어졌는지 개체 수를 세었다. 그런 후 이들 숫자 간에 일정한 규칙이 있음을 발견하였고, 이를 통해서 생물은 부계·모계로부터 받은 두 배의 유전 물질을 지녔을 것이라고 보았다. 멘델은 이들 유전 물질은 같은 무게를 가졌을 것이라고 생각하였다. 또한 멘델은 보이지 않는 어떤 단위가 있어서 이들이 나누어지지 않고 독립적으로 다음 세대로 전달될 것이라 가정하였는데, 이렇게 유전되는 물질을 후에 유전자라 부르게 되었다.

빨간색 꽃과 흰색 꽃들은 한 유전자 또는 여러 유전자로부터 다른 색을 보유하게 되고, 이러한 관계에 있는 유전자를 대립 유전자(allele)라 한다. 이런 경우 빨간색 대립 유전자는 흰색 유전자보다 우성이라고 하는데, 흰색 꽃이 피었더라도 식물체에는 두 개의 유전자 중 최소한 한 개는 빨간색 대립 유전자가 있다. 이렇게 표현되지 않는 유전자를 열성이라고 한다. 멘델은 우성은 대문자로 열성은 소문자로 표시하여, 빨간색 꽃의 유전자는 $AA$ 또는 $Aa$, 흰색은 $aa$가 된다. 이 유전자들을 복사본은 같고, 식물체는 동형접합체(homozygote)라 하고, 이때 다음 세대는 전 세대와 똑같은 모습을 가지게 되는데($aa \times aa \rightarrow aa$), 이 경우 식물체를 동형집합체라 한다. 대립 유전자가 $Aa$같이 다른 경우 식물체는 이형접합체(heterozygote)가 된다.

동형접합체를 교배하면 모두 같은 식물체가 만들어지며 우성을 나타낸다($AA \times aa \rightarrow Aa$). 여기에 대해서는 동형접합체 부모는 한 종류의 종자를 만들게 됨으로 $AA$ 종에는 $A$, $aa$ 의 경우에는 $a$가 된다. 따라서 $Aa$ 조합만이 가능하며 F1 또는 잡종 1세대가 된다(그림 1).

이형접합체 F1을 교배하면, F2에서 열성 형질이 나타날 수 있는데, 그 확률은 25%이다. 빨간색과 흰색 꽃은 각각 3:1이 되고 씨앗은 $A$ 또는 $a$의 두 가지 형태가 될 수 있는데, $A+A$, $A+a$, $a+A$와 $a+a$의 조합이다(그림 1 왼쪽).

유전자 $A$에 해당되는 규칙은 유전자 $B$나 $C$의 경우에도 적용된다. 이 유전자들이 나타내는 특징은 서로 영향을 주지 않고 독립적으로 작용한다는 것이다. 단성잡종교배에서 우성인 양친과 잡종제 1세대는 겉으로 나타나는 표현형은 동일하지만, 유전자의 조성은 같지 않다. 즉, 1세대에서 접합체는 2가지로 표시되지만, 한 가

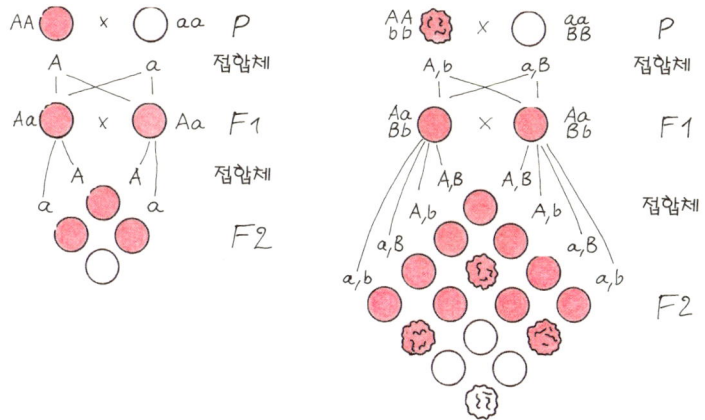

**그림 1 멘델의 법칙.** 콩과 유전자 표시(왼쪽), 콩과 두 가지 표시(오른쪽). 식물체의 경우 암술과 수술, 동물은 난자와 정자로 표시된다. P는 부모 세대, F1은 접합 세대. F2는 2세대(손자 접합형으로 마름모꼴). AA=적색 꽃, aa=백색 꽃, BB=주름 없는 완두, bb=주름 있는 완두.

지 모양의 후손만 태어난다. F1은 이형접합체가 된다. *Aa*-, *Bb*-를 교배하면 두 가지 우성과 열성은 3:1로 표현된다. 여기에서 *aa*-, *bb*-후세도 태어나는데, 두 가지 모두 열성인 경우는 부모 세대, 조부 세대에도 없었고, 16개 후손에서 단 한 개만이 이렇게 표현된다(그림 1 오른쪽).

멘델의 이론에서 생물체의 몸을 구성하고 있는 체세포는 2개의 복사본을 가지고 있지만, 접합체들은 각 유전자마다 단 한 개의 복사본을 보유하게 된다고 하였다. 체세포의 유전자 조성에 따라서 어떤 특징이 나타날 것인지 결정된다. 유전자들 간에는 후손들에게 전달되는 부분에 대해 서로 영향을 주지 않는다(독립법칙). 당시에는 염색체(chromosome)의 존재도 발견되기 전이었고, 수정되는 과정이 전혀 알려지지 않았으므로, 멘델이 이러한 결론에 도달할 수 있었다는 것은 매우 놀라운 일이라고 할 수 있다. 또한 멘델은 그가 발견했던 유전 법칙이 모든 생물체에 적용된다는 것을 알고 있었다. 그는 1866년 발표했던 유전 법칙을 1900년에 재발견하였고 후에 여러 생물체를 통해서 증명하였다.

## II 세포와 염색체

새로운 생물체들의 발견과 외모에 대한 묘사, 그리고 정의 및 이론들이 동물학에서는 매우 중요한 과제였다. 발생학에서는 동물의 발생과 이때 일어나는 변화에 대한 이론이며, 19세기 말에 크게 발전하였다. 당시 이루어진 해양생물학 연구에서 여러 종류의 알을 쉽게 얻을 수 있었으므로 속이 보이는 투명한 알을 살아 있는 상태에서 간단한 염색법 등을 통해 관찰할 수 있었다. 포유류의 알은 19세기 초에 이미 발견되었다(카를 에른스트 폰 베어는 1827년 처음으로 사람의 난자 묘사하였다). 난자와 배를 얻기가 어려웠으므로 포유동물의 발생에 대한 연구는 매우 어렵게 진행되었다. 반면에 해마, 개구리, 물고기와 지렁이 같이 알을 낳는 동물들이 연구자에게는 매력적인 연구 테마가 되었다.

현미경에 의한 관찰이 가능해지면서 세포로 이루어진 생물체, 세포 분열, 배가 단순한 형태에서 복잡한 구조로 변화하는 모습 등이 발견되었다. 19세기 중반, 베를린에서 의사로 일하던 로버트 레막(Robert Remak)이 모든 세포는 같은 종류의 세포로부터 생성된다는 것을 관찰하고 그 내용을 발표하기까지(베를린 병원에서 연구하던 병리학자 루돌프 피르호(Rudolf Virchow)는 1855년 'omnis cellula e cellula'라 했는데 이것은 하나의 세포는 같은 종류의 세포로부터 생성될 수 있다는 것이다), 초기 발생 단계에서 죽은 물질로부터 새로운 세포가 생성될 것이라 믿었었다. 우수한 현미경과 염색법 등이 개발되면서 식물과 동물의 세포들이 관찰되었다. 고등생물들의 세포는 세포분열 과정에서 먼저 분열되는 세포핵을 가지고 있다. 이러한 세포핵은 새로운 세대가 태어날 때마다 같은 방법으로 분열되며, 20세기 초 여러 가지 실험과 세포학 연구를 통해 유전자를 포함하고 있는 염색체가 세포핵이 있다는 사실이 발견되었다.

## ❶ 세포들과 세포분열

세포는 생물체를 구성하고 있는 가장 작은 단위이며, 모든 세포들은 외부에 막을 가지고 있고, 내부는 핵과 세포질로 구성되어 있다. 세포막은 물 분자를 밀어낼 수 있는 지질과 단백질의 이중의 막으로 되어 있다. 세포질은 수없이 많은 단백질과 지방질, 탄수화물, 고농도로 녹아 있는 염분을 포함하고 있는 높은 점도의 액체로 구성되어 있다. 세포를 구성하고 있는 가장 중요한 성분은 단백질로 효소, 세포막, 구성단백질과 다른 세포구조 지지물질의 주성분이다. 세포들은 필요한 기능에 따라 다양한 종류의 단백질을 여러 가지 농도로 가지고 있는데 수요에 따라 합성된다. 세포질에는 세포구성물질들을 합성하고 분해하면서 여러 가지 생화학적 기능을 수행하는 구조물들이 있다. 리보솜(ribosome)은 일정한 질서를

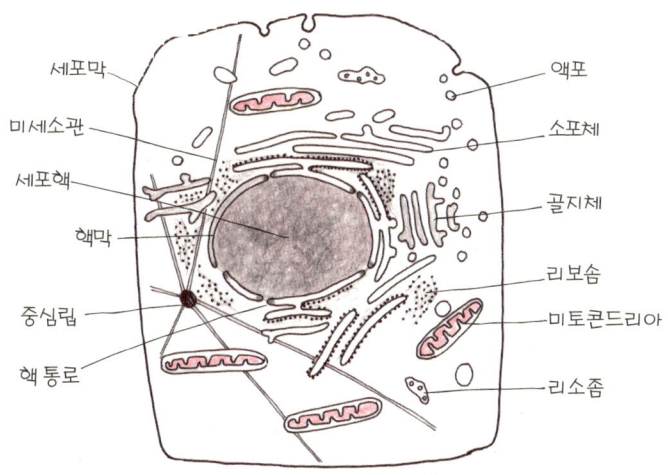

**그림 2 동물세포.** 세포막으로 둘러싸여 있으며, 액포(vesicle)에 의해 세포 내외간에 운반된다. 핵은 많은 구멍이 있는 이중 막으로 싸여 있으며, 리보솜에서 합성된 단백질들은 통과되지 않는다. 소포체(ER : endoplasmic reticulum)는 리보솜과 연결되어 있으며, 주로 단백질을 세포 밖으로 내보내는 역할을 하는 골지체는 세포막의 연장선에 있다. 미토콘드리아는 표면적이 큰 막을 가지고 있으며, 세포 물질대사에서 영양 물질을 분해하고, 고에너지 분자를 합성하는 기능을 수행한다. 미세소관(microtubuli)은 세포 구조를 지지하는 기능을 가지고 있다. 리소좀(lysosome)이란 기관은 세포 내에 과다하게 존재하는 물질이나 해로운 물질들은 분해하기도 한다.

유지하는 단백질과 리보핵산인 RNA들로 되어 있는데, 단백질 합성 과정에서 중요한 역할을 수행한다(I, II 단원 참조). 세포막으로 싸여 있는 세포질에는 특정 단백질을 일정한 농도로 가지고 있어서 여러 가지 생화학적 기능을 수행하는 세포기관들이 있다. 예를 들어 여기에 속하는 미토콘드리아(mitochondria)는 자체적으로 막을 가지고 있는데, 주로 세포가 필요로 하는 에너지를 생산하는 역할을 한다(그림 2).

세포핵은 밀도가 높은 구조물이며, 염색이 잘 되므로 염색질

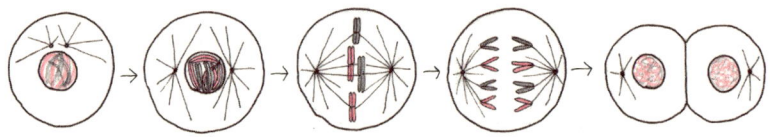

**그림 3 세포분열.** 간단하게 4개의 염색체(2쌍)가 있다. 염색체는 두 배가 되고, 염색질이 양극으로 당겨지기 전에 핵막은 녹아 없어지고, 세포가 분열한 후 다시 새로운 핵막이 생성된다.

(chromatin)이라는 이름을 가지고 있는 물질들이 막으로 둘러싸여 있다. 핵분열 전과 과정 중에 염색질은 농축되어 일반적으로 실 모양의 구조물로 변화하는데, 이것을 염색체라고 하며 안정된 세포에서는 쉽게 관찰되지 않는다. 세포분열 과정에서 염색체는 수직으로 두 배가 되고 복사본은 각각 자세포에 전달된다(그림 3). 여기에서 중심립(centriole)이라는 기구는 중요한데, 세포분열 과정에서 중심립이 먼저 분열하여 세포의 양극으로 이동한다. 중심립으로부터 방추사(별 모양으로 정렬된 섬유질, spindle fiber)가 형성되고 여기로부터 염색체와 함께 특정 부위에 연결된다. 이들이 모두 취합하여 연결되고, 두 개의 염색체 중 한 개를 끝 쪽으로 이동시킨다. 따라서 분열된 딸핵들은 모핵과 같은 염색체로 구성된다. 새로운 세포핵들 간에는 연결선이 있는데, 결국은 세포들 간에 서로 떨어지게 된다. 모세포와 같은 염색체를 가지게 되는 딸세포에서 일어나는 핵분열을 체세포분열(somatic cell division)이라 한다.

동물은 여러 종류의 세포로 구성되어 있는데, 세포 타입은 기능에 따라 구별된다. 지렁이 종류인 예쁜 꼬마선충(*Caenorhabditis elegans*)의 경우를 보면, 애벌레는 정확히 959개의 체세포를 가지고 있으며, 이들은 10가지 이상으로 구성되어 있는데, 근육세포, 신경세포, 피부세포 등으로 되어 있다. 대부분 동물들에는 세포 수도 다양한데, 포유동물들은 200가지 이상의 형태와 기능을 수행할 수 있다. 작은 동물들에는 세포 수가 적고, 크기가 큰 동물들의 경우 세포 수도 크다. 예를 들면 쥐는 $2 \times 10^9$, 인간은 $3 \times 10^{13}$개의 세포를 가지고 있는데, 이것은 세포들이 일정한 최소 크기를 가지고 있으며, 포유동물의 세포 직경은 평균 10m인 것으로 알려져 있다.

## ❷ 수정 과정

동물의 발생은 난자와 정자가 결합하여 하나가 되는 수정 과정을 통해서 시작된다. 여기에서 접합체(zygote)가 형성되고 접합자의 세포질은 난자세포로부터, 세포핵은 암·수로부터 각각 같은 양이 전달된다. 수정된 난자세포는 여러 차례 분열하게 된다. 처음에는 모든 세포가 똑같아 보이는데, 이것을 포배(blastula)라고 한다. 곧 세포들이 변화하면서 배는 모양을 갖추게 되는데, 이것은 매우 중요한 과정으로서 낭배기(gastrula stage)라 한다. 세포들은 그룹으로 나뉘어져서 배내에서 미끄러지기도 하고 접혀지기도 하는데, 서로 밀면서 계속 분열하여 기관과 표피를 합성하는 기구가 된다. 결과적으로 세포들은 분화하여 동물체의 여러 가지 기능을 담당하게 된다(그림 4).

앞서 설명하였듯이 난자 하나와 정자 하나가 만나서 파리 한 마리가 생성되고, 물고기 역시 그러한 과정을 통해서 생성된다.

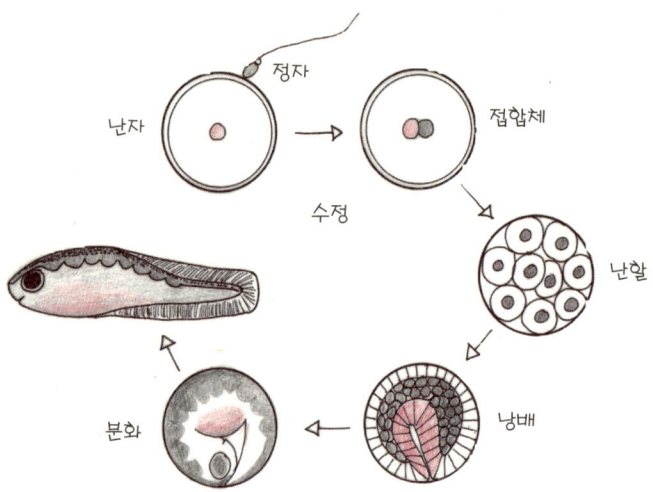

**그림 4 수정과 변화.** 배아는 수정과 함께 생성되기 시작하여 많은 수의 작은 세포로 분열된다. 낭배 과정에서는 세포 그룹들이 배아의 내부 기관으로 변화되어 결국은 여러 가지 섬유질로 분화된다.

그렇기 때문에 아이들이 그들의 부모를 닮게 되는 것으로, 이것을 우리는 유전이라 하고, 이를 다루는 분야를 유전학이라 한다. 살아가는 동안에 배우는 것, 공부하는 것, 몸에 생기는 상처 등이 유전되지 않는다는 것은 이미 알고 있는 사실이다. 해파리, 불가사리 등 몇 가지 동물들의 경우에는 식물에서와 같이 몸의 일부를 제거해도 계속 복구할 수 있으며, 이러한 현상은 부모 세대와 같이 쉽게 관찰된다.

모든 종류의 고등한 동물과 식물들은 두 가지 구별되는 성이 있으며 난자, 배우자 또는 생식체라고 하는 세포들을 만들어서 증식한다. 여기에서 난자는 크기도 크고, 움직임도 없지만 태아로 전환되는 반면, 정자는 작기는 하지만 매우 많은 양이 자주 만들어진다. 난자의 생산자를 '암', 정자의 생산자를 '수'로 표시한다.

수정을 통해 새로운 개체의 생성이 시작되면 암·수에서 각각 생산되는 난자와 정자는 외형적으로도 다르다. 난자는 충분한 양의 세포질과 난황을 가지고 있는데, 이는 생성되는 개체의 영양분으로 사용된다. 정자는 난자와 비교하여 크기가 매우 작으며, 세포핵과 난자는 가지고 있지 않은 세포 기관으로 중심립을 보유하고 있다. 여기에 또한 난자가 있는 곳으로 운동하는 데 사용하는 편모가 있다. 난자와 정자가 만나면 수정이 되는데 수중에서 서식하는 생물체 체외에서, 육지에서 서식하는 생물체는 체액에서 이루어진다. 정자가 난자와 만나게 되면 다른 정자의 접근을 막는 막이 생성되어, 단 한 마리의 정자만이 난자 안으로 들어가게 된다. 수정되는 과정에서는 편모는 제거되고 세포핵과 중심립만이 난자 안으로 들어가게 되고, 정자세포의 핵은 난자세포와 하나가 된다.

배아(embryo)는 우선 세포 분열이 시작되면서 형성되고 여기에서 난자의 세포질은 딸세포에 전달된다. 세포 수가 증가하면 크기는 지속적으로 작아지는데, 이 과정을 '난할(cleavage)'이라고 한다. 동물 종류에 따라 난자를 구성하고 있는 물질(난황)이 난할하지 않은 채로 머물러 있다가 후에 생물체가 성숙하면서 핵이 분열되기 전에 세포질이 증가하면서 딸세포의 크기가 모세포와 같게 된다.

수정되는 과정에서 중요한 몇 가지 관점은 염색체, 중심립, 세포질의 역할에 대한 내용이다. 일반적으로 난자가 정자와 수정되지 않는다면 발전하거나 변화할 수 없으며 첫 번째 분열 과정에서,

즉 발전 첫 단계에서 정자핵의 역할이 전혀 없다는 흥미로운 사실을 발견하였다. 이 과정에서 정자로부터 주어지는 중심립이 필요하지만 경우에 따라 난자에서 새로운 중심립이 합성되어 수정되지 않고 분열이 시작되기도 하는데, 이러한 과정을 자연 단위생식(natural parthenogenesis)이라고 한다. 예를 들면 일벌, 말벌 등이 이런 과정을 거쳐 태어난다.

여러 가지 실험을 통해 세포질이나 핵 내에서 유전자 운반체의 위치에 대해 확인할 수 있었다. 두 가지 서로 다른 종들을 교배하면 양쪽 부모와 비슷한 특징을 가지고 있는 잡종(hybrid)이 태어난다는 사실은 이미 오래 전부터 알려져 있었다. 부모를 바꾸어도 세포질은 실제로 난자로부터 주어짐에도 불구하고 커다란 차이는 보이지 않는다. 뷔르츠부르그(Wuerzburg)의 동물학자 테오도르 보

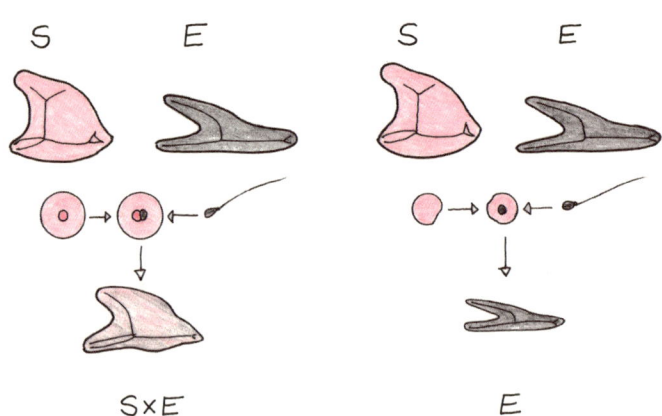

**그림 5 세포핵의 역할.** 여러 가지 해마들(S와 E)을 교배시키면 난자와 정자로부터 복합적인 특징을 가지게 된다(왼쪽). 보베리는 난자들을 세차게 흔들어서 핵을 제거한 후, 정자와 수정하게 되면 난자의 세포질이 남아 있어도 정자로부터 물려받은 특징만이 나타나게(표현되는) 되는 실험을 하였다(오른쪽).

베리(Theodor Boveri, 1862~1915)는 핵을 제거한 해마의 세포질을 정자와 수정시키면 모계가 아니라 부계(정자 제공자)와 같은 새끼 해마가 태어났다는 사실을 발견하였다. 이러한 발견을 통해서 유전자 정보는 세포질이 아니고 세포핵에 있다는 것이 증명되었다(그림 5).

## ③ 염색체와 유전자

미국 생물학자 월터 서턴(Walter Sutton)은 핵의 생성에 대해 연구했다. 그는 11개의 염색체를 가지고 있는 메뚜기에 대하여 설명했다. 메뚜기의 체세포에는 이배체(diploid)로 존재한다. 세포가 분열될 때에는 난자와 정자가 수정되고, 염색체는 분열 방추사로부터 딸세포로 나뉘는데 둘 중 어느 쪽에 유사한가는 우연히 결정된다. 이렇게 세포가 생성되면 같은 염색체후(반수체, haploid)를 가지고 태어난다. 이러한 단계를 세포 분열 과정에서 감수분열(meiosis)이라 하며, 두 가지 동일한 염색체는 딸세포에 전달된다. 수정되는 과정에서 난자에 있는 반수체의 세포핵은 정자와 결합하여 접합체(zygote)를 형성하여 다시 이배체가 된다. 체세포 분열을 통해 수없이 많은 이배체 세포가 생성되고 난자와 정자가 만들어지면서 염색체는 다시 반으로 나뉘어 반수체가 된다. 이러한 사실은 세대 교체 과정에서 염색체가 분배되어 나타나는 모습의 결과가 멘델의 규칙에서 주장된 특징들과 정확히 일치하는 것을 통해서 알 수 있다(그림 7). 따라서 이론적으로는 주어진 염색체 쌍의 수만큼 유전될 수 있는 다양한 특성이 존재하게 된다. 서턴은 1902년 발표한 논문에서 가능한 조합을 시도하여 발표하였다. 두 쌍의 염색체의 경우에는 비교적 간단한데 반수체 세포핵에는 $2 \times 2 = 4$개의 다양한 조합이 가능하므로 접합체에는 $4 \times 4 = 16$가지 조합이 역시 가능하게 된다. 10개의 염기쌍이 있다면 난자와 정자로부터 천여 가지의 조합과, 접합체에는 백만 가지의 조합이 가능한데 사람은 23개의 염기쌍을 가지고 있다.

과연 염색체 수에만 영향을 주는 것인지 아니면 염색체들 간에 차별화가 되어 있는지 어떤 기능들이 있는지에 대해서는 보베리 (발생 단계에서 생물의 염색체를 최초로 관찰하였다)가 많은 연구 업적을 남겼는데 각각의 염색체가 동물의 생성 과정에서 최소 한 가지 기능을 한다는 것을 발견한 것도 그 중 하나이다. 한 개 또는 그 이상의 염색체가 완전히 없어지게 되면 기형아가 태어나게 되는데, 해마 태아를 대상으로 한 연구에서 난자를 2개의 정자와 수정시키는 실험을 통해 이러한 결론을 얻을 수 있었다(그림 6). 정자 수가 많다거나 한 개의 난자와 2개의 정자가 수정되는 일도 일어날 수 있는데, 이 경우 4개의 방추사를 만들게 되고 첫 번째 분열 후에 4개의 딸세포가 동시에 생성된다. 각 염색체마다 3가지만 있으므로 (난자로부터 1개, 2개의 정자로부터 2개) 세포 내 염색체 수가 달라진다. 각 염색체들이 쌍으로 존재하지 않고, 많은 세포들에게 염색체가 한 개 또는 3개, 전혀 없는 경우도 발생한다. 4개의 세포 중 한 세포로부터 태어난 후세는 결함을 가지고 태어나게 된다. 이러한 사실로서 염색체들은 다양하고, 각 유전자와 고유의 기능을 보

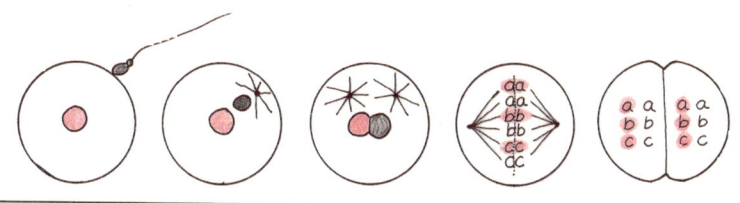

난자 1개와 정자 2개 간의 수정

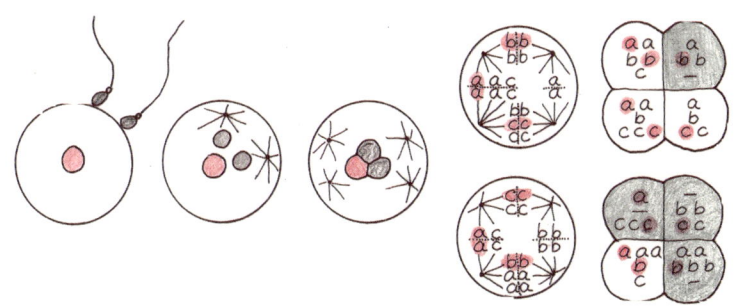

**그림 6 중복 수정 과정.** 일반적으로 해마는 난자세포와 정자의 염색체들이 중심체에서 만들어지는 방추사를 통해 수정되고 질서정연하게 딸세포로 나뉘어져 각 세포는 이배체 염색체를 가지게 된다(위 3쌍의 경우). 두 개의 정자와 한 개의 난자가 수정되면 4개의 방추사들이 형성되고, 3개의 염색체 쌍은 나뉘어지게 되어 많은 세포들은 결함을 가지고 태어나게 된다. 이렇게 태어날 확률로 보면, 최소한 한 개의 염색체라도 결핍되게 되며(어두운 색으로 표시), 이것은 염색체들이 다양하다는 것을 의미한다.

유하고 있으므로 생물체가 생성될 때 그 역할을 수행한다는 것, 즉 염색체들 간에 대체될 수 없음을 확인할 수 있다.

서턴과 보베리의 실험 결과는 약 100년 전인 1903년에 이미 발표되었다. 요컨데 염색체란 유전자를 운반하는 운반체이며, 체세포에서는 난자나 정자의 두 배의 상태로 존재한다. 따라서 두 개의 동일한 염색체 중 한 개는 후손에게 계속해서 전달되는데, 그 선택은 우연적이다. 몸을 구성하고 있는 모든 세포는 유전자 전부를 가지고 있으며, 각각 부계와 모계로부터 취합된 것이다(그림 7).

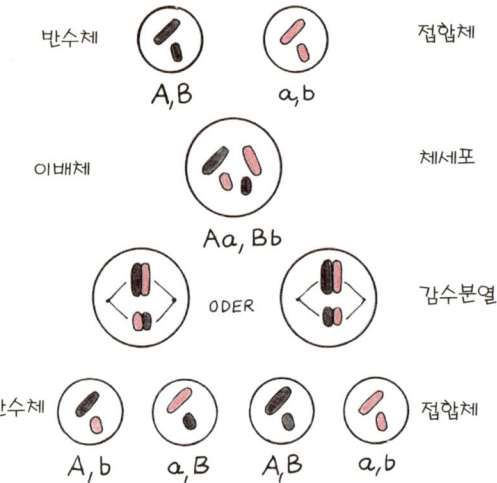

**그림 7 염색체와 유전.** 생식세포는 반수체 염색체(여기에서는 두 쌍을 표시)를 체세포는 이배체를 보유하고 있다. 동일한 염색체들은 쌍을 이루어 접합체를 구성하고, 다시 독립적으로 접합체에 분배된다. 이러한 현상은 멘델의 법칙과도 일치한다.

## ④ 생식과 클론

생명체를 구성하는 모든 세포들은 염색체가 있어서 유전자를 보유하게 되는데, 딸세포에 분배되는 여러 가지 물질들의 조합이나 형태에 따라서 모든 세포들이 각각 다른 모습으로 변화한다는 가설은 어거스트 바이스만(August Weismann, 1834~1914)이 주장하였다.

생명체는 유전적으로 동일한 세포로 많은 수가 구성되어 있으며, 접합체같이 생성되는 기본세포를 클론(clone)이라 한다. 서턴과 보베리의 연구에서는 몇 가지 예만 다루었지만, 1960년대 영국의 연구자인 존 거든(John Gurdon)은 이러한 이론을 다시 테스트하여

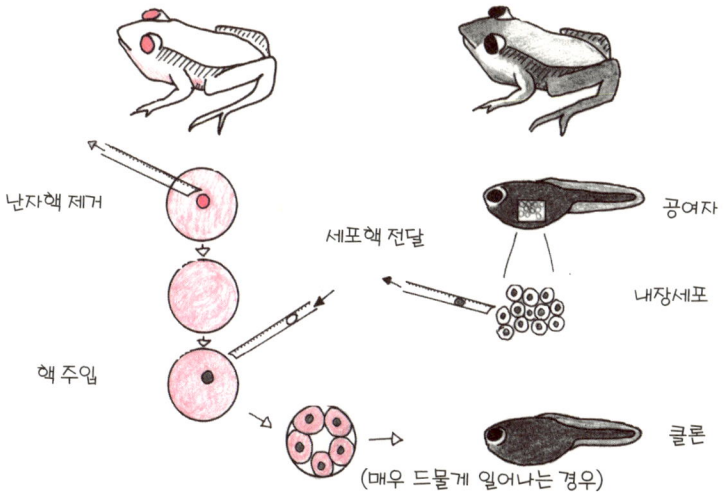

**그림 8 클론.** 흰색 개구리의 난자에서 핵을 제거하고 거기에 올챙이의 내장세포에서 분리한 체세포를 넣었다. 따라서 여기에서는 핵 공여자의 유전자를 가진 알이 태어나고 이것을 클론이라 한다.

증명하였다. 올챙이의 내장 세포에서 분리한 핵을 자체 핵이 제거된 난자에 이식하였는데, 이 세포는 평범한 올챙이로 자랄 수 있었다(그림 8). 따라서 분화된 내장세포도 올챙이로 태어나고 자랄 수 있게 할 수 있는 모든 유전자를 보유하고 있다는 사실을 확인할 수 있었다. 새로 태어난 올챙이는 내장세포를 공여한 올챙이와 유전적으로 같으며, 즉 공여자의 클론이 된다. 클론에 대해서는 여러 동물로 실험을 하였는데, 예를 들어 양의 경우는 성공률이 낮았다. 왜 이렇게 클론을 다루는 일은 어려운 것일까?

고등동물의 경우, 생성초기에 초기증식을 위한 세포들은 특별한 과정을 거쳐 만들어지며, 이러한 '초기 세포'는 이 세포들에서만 발견할 수 있는 특별한 성분들을 함유하고 있다. 이 세포들은 매우 이른 시기에 체세포로부터 분리되어 후에 난자나 정자를 생성할 수 있는 생식기관으로 옮겨가게 되는데, 예를 들어 초파리의 경우에는 극세포(pole cell)가 된다(그림 20). 생식세포(germ cell)와 그 전 단계, 그리고 체세포(somatic cell)를 소마(soma)라 하며, 생식세포는 돌연변이(mutation)로부터 유전자를 보호하는 프로그램을 가지고 있어서, 이것으로 부모의 유전자가 손상되지 않은 상태에서 전달되도록 할 수 있게 하는 것으로 추정되지만, 아직 정확한 기능이나 내용은 알려져 있지 않다. 생식세포를 만드는 조직에는 체세포에 없는 기능들이 있을 것이다. 왜냐하면 생식세포로부터 생성되는 후손은 체세포나 유전자를 스스로 변화시킬 수 없기 때문이다. 유전자 변화, 돌연변이 등은 생식세포 생성 조직에 변화가 있는 경우에만 유전되므로, 습득 또는 학습된 성질들은 전달되지 않는다.

    식물은 자주 단순한(성구별 없다) 방법으로 증식하지만 동물도 그런 경우가 있다. 예를 들면 단물에 사는 히드라충류는 주로 돌기를 만들어 증식하고 진드기의 일생에서 잠시 동안이지만, 이 배수 유전자를 가지고 있는 난자가 스스로 증식하고 크기가 큰 클론과 함께 같은 유전자를 가진 후손들이 태어나게 된다. 그러나 생존하기 어려운 상황에서는 교배를 통해 증식하기도 하는데 이렇게 다양한 방법으로 증식할 수 있으므로 후손들도 여러 형태를 띠게 된다. 따라서 어려운 조건에서도 다른 생물체보다 오랫동안 살아남을 수 있다. 그러나 척추동물은 체세포로부터 같은 생물체를 만드는 이러한 능력을 가지고 있지 않다.

## 5 세포질과 환경의 영향

 세포들의 종류가 다양한 것은 존재하는 모든 세포들이 항상 유전자를 가지고 있고 세포질에서 일어나는 변화 때문이라고 생각한다. 한 세포에 있는 세포질 조절 인자에 의해 유전자들의 활성이 결정된다. 개구리의 세포가 한 번 분열하여 두 개의 딸세포가 생성되면 각 세포는 작지만 개구리가 될 수 있다. 그러나 각각의 세포는 다른 세포질이나 적은 양의 세포질을 가지게 되므로 같은 효과를 기대하기 어렵게 된다(그림 9). 보베리는 난자세포에 극성이 있다는 것과 인위적으로 분열시키면 완전한 태아(배아)가 태어날 수 없다는 사실을 관찰하였는데, 분열 후에는 오른쪽과 왼쪽이 다르고 위아래도 각각 다른 형태를 띠게 되었다. 또한 그는 세포질 인자는 점차적으로 위에서 아래로 늘어나거나 줄어드는 등 여러 방법으로 세포의 발생 운명이 결정된다. 세포의 운명을 결정하는 세포질도 다양하지만 모든 모습이 처음부터 고정되어 있지는 않다.

 발생의 비밀은 시간과 공간에 따른 활성유전자의 조절에 있다. 세포질과 함께 유전자는 생성하고자 하는 생물체의 설계도를 만들고, 각 단계마다 천천히 그리고 치밀하게 연계하고 구체화하여 실현한다. 바깥쪽과 이웃한 세포로부터 세포핵에 있는 유전자에 계속해서 전달되는 자극과 신호를 통해서 세포질은 생물체의 설계 정보를 모세포로부터 받게 된다. 이렇게 한 세포의 운명은 세포질과 외부 환경으로부터 받는 영향으로 결정된다.

 당시 보베리와 같은 연구자의 연구 여건이 현재보다 매우 열악

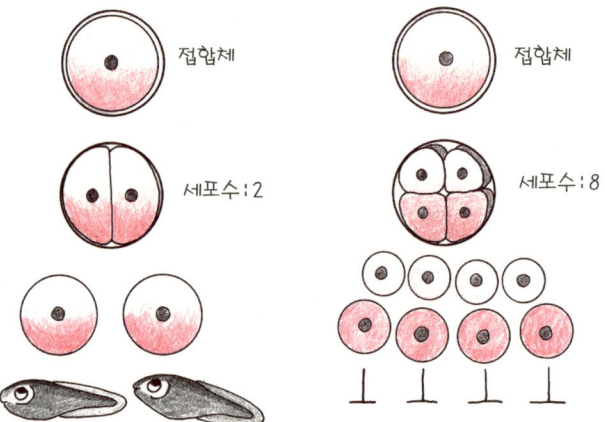

**그림 9 쌍생아.** 두 개의 세포가 형성된 시점에서는 두 개의 평범한 개체가 생성되지만, 해마의 경우 4개 세포가 형성되기도 한다. 이 시기 후에는 8개의 세포가 생성되면 세포에서 세포질이 달라지므로(너무 작기 때문에) 더 이상 분열하지는 않는다.

했으므로 유전자와 인자에 따라서 어떻게 프로세스를 조절하는지에 대하여 설명하는 것이 불가능하였을 것이다. 그 후 분자 유전학자들이 유전자를 분리하고 분석하여 이러한 인자들을 알아내고 확인하기까지는 거의 백 년이 걸렸다.

역사적으로 볼 때 20세기 초부터 발생학자와 유전학자들의 길이 완전히 달라진 것은 매우 흥미로운 일이다. 이는 아마도 연구를 위한 실험에 사용되었던 생명체가 달랐기 때문일 것으로 추정된다. 발생학자들은 창고기, 개구리, 도롱뇽을 실험용으로 선호하였는데 이는 이들 동물의 알 크기가 비교적 커서(2~4 mm) 연구에 적당하였기 때문이다. 배아의 부위를 분리하거나 새롭게 조합하는 실험 방법의 개발은, 1920년대 도롱뇽의 알에서 특정 부위를 발견하는 계기가 되었다. 형성체(organize)라고 하는 부위는 주변에 작용하여 추가로 몸의 축이 형성되도록 유도한다. 이 실험에서 도롱뇽 배아의 원구(입이 될 부분)의 윗부분에서 일부를 떼어내어 반대편에 위치한 배아에 이식하였다. 이 부분에서는 보통 올챙이의 배아가 형성되는데 이식 후에는 추가로 새로운 머리와 몸통 부위가 되었다. 두 개의 배아는 서로 공여자와 수혜자의 관계가 되는데 생성되는 색소로 구별이 가능하고, 새로운 축은 공여자 조직에서는 만들어지지 않고 이식되어진 위치에서만 만들어졌다. 이것은 프라이부르그(1923)의 동물학자 한스 슈페만(Hans Spemann)이 시도하였던 유명한 실험이었는데, 이후 형성체의 기능을 수행하는 인자들을 분리하고 생화학적으로 분석하였다. 여러 가지 노력에도 불구하고 70년 후에야 이러한 인자를 생산하는 유전자를 추적할 수 있었다.

실험에서 전체 공정을 유도하는 유전의 기능을 유전자가 조절한다는 사실은 20세기 초에 발견되었다. 세포질은 유전자에 영향을 주어 어느 유전자가 어떤 세포에 작용하는지 결정한다. 세포핵은 유전자와 함께 전체적인 반응을 진행하기 위한 많은 정보를 가지고 있다. 이와 함께 유전자의 특성과 조절은 생물학에서 중심 과제가 되었다.

# III 유전자와 단백질

멘델은 유전자의 개념을 사용하지 않고, 오늘날 표현형(phenotype)이나 유전자와 비슷한 요소들, 특징들에 대하여 설명하였다. 유전자란 유전 기능을 수행하는 단위이며, 비교할 수 있는 특징을 표현하는 대립 유전자의 경우나 특정 조건에서만 인지될 수 있다. 멘델은 그의 실험을, 의식적으로 구별이 가능하고 대립 유전자가 있는 단순한 경우로만 제한하였는데, 이를 야생형(wild type)과 돌연변이형(mutant type)이라고 한다. 따라서 그는 반응의 규칙성을 인지하고, 각 유전자들은 이 배수로 존재하는데 한 배수는 모계로부터 받은 것이고, 다른 한 배수는 부계로부터 받은 것으로, 한 세대에서 다음 세대로 전달된다는 결론을 내렸다. 1900년대에 여러 차례 이러한 규칙이 식물의 경우에 인정되었고, 곧 이어서 멘델이 주장한 내용들과 염색체 간의 관련성이 제기되었다.

유전학, 유전자, 유전자형의 개념은 20세기 초에 시작되었고, 이때 사람들은 유전자의 물질적 특성에 대해서는 알지 못했다. 그 이유는 유전자는 직접 관찰될 수 없었으므로 단지 여러 가지 특징이 있는 개체들을 서로 교배하여 나타나는 특성을 간접적으로 해석하고 예측을 통해 결론에 도달할 수밖에 없었다는 것에 있었다. 세대간 유전자의 전달에서 정확한 관계와 염색체에서 유전자의 존재는 학명이 드로소필라 멜라노가스터(*Drosphila melanogaster*)인 초파리에서 설명되었다. 초파리의 경우에도 우선 명확한 표현형과 돌연변이주에 집중되었는데, 그 이유는 성숙한 초파리에서는 쉽게 관찰될 수 있으므로 추적이 가능하기 때문이었다. 여기에서 동물의 경우에도 멘델의 법칙이 인정되었으므로 모든 생물에 적용된다는 것을 보여주었다. 유전자조합, 재조합과 같은 성염색체가 발견되었고 처음으로 염색체 지도가 만들어졌다.

유전자가 어떻게 작용하는지에 대한 답을 얻는 일은 쉽지 않았다. 돌연변이를 통해 생성되는 표현형은 유전자의 기능에 대한 정보를 주었는데, 예를 들면 돌연변이를 통해 파리의 적색 눈 대신 백색이 된다는 것이었다. 이것으로 적색 색소의 생성 기능이 돌연변이를 통해 사라졌으므로 백색을 나타내는 유전자가 표현된다는 것을 보여주었다. 눈의 색은 지속되는 돌연변이를 통해 백색뿐만 아니라 분홍색, 자홍색, 진홍색, 주홍색, 황색으로 변한다는 것이 관찰되었다. 몇 가지 특징들은 많은 유전자에 의해 영향을 받았다. 반대로 대부분의 유전자에서 돌연변이는 복합표현형(complex phenotype)이 되게 하는데, 이것은 유전자가 한 가지 이상의 특징을 표현한다는 것을 의미한다. 살아남기 위한 기능에 필요한 유전자는 여러 개가 있는데 이러한 내용을 초파리에서 관찰하기는 어려웠다. 후에 훨씬 단순한 구조를 가지고 있는 단세포 생물체에서 유전자의 분자적 특성과 생화학적 기능 등이 연구·발표되었다.

## ❶ 초파리 유전학

초파리는 20세기 초 미국의 생물학자 토마스 헌트 몰간(Thomas Hunt Morgan)에 의해 유전학을 연구하기 위한 이상적 생물체라는 것이 발견되었다. 초파리는 곤충으로서 큐틴질로 되어 있는 외부 골격을 가지고 있으며, 모든 절지동물의 경우와 마찬가지로 이미 표본화되어 있듯이 딱딱한 털들이 많이 있다. 여기에 돋보기로 관찰할 수 있는 특징들이 있는데 적색 눈, 황색 몸체, 더듬이, 날개 등이다. 따라서 약간의 돌연변이만 일어나도 쉽게 관찰되며 한 세대의 시간이 짧고, 교배 후 생성되는 후손의 수도 많다. 초파리는 단 4개의 염색체를 가지고 있는데 이 중 하나는 매우 작다. 초파리는 알 속에서 줄무늬가 있고 지렁이 같이 생긴 애벌레가 되는데 이것의 구조는 파리보다 더 단순하다. 애벌레가 자라면 피부가 두 번 벗겨지고(변태) 번데기가 된다. 이 번데기가 12일 정도 자라면 안에서는 성숙한 파리가 형성되어 날 준비를 하게 된다(그림 10).

### 성염색체

1910년 몰간은 발견된 돌연변이주에 대하여 적색 눈 대신 백색 눈을 가지고 있으므로 '화이트(white)'라고 명명하였다. 보통 파리의 눈은 유성이며 적색에 대한 대립유전자를 가지고 있다. 이러한 돌연변이주를 대상으로 하는 실험에서는 놀라운 결과가 나왔다. 우연히 연구자가 동형접합체 백색 눈의 암컷과 적색 눈의 수컷을 교배시켰는데, 이 경우 멘델의 단성잡종 유전법칙을 기대할

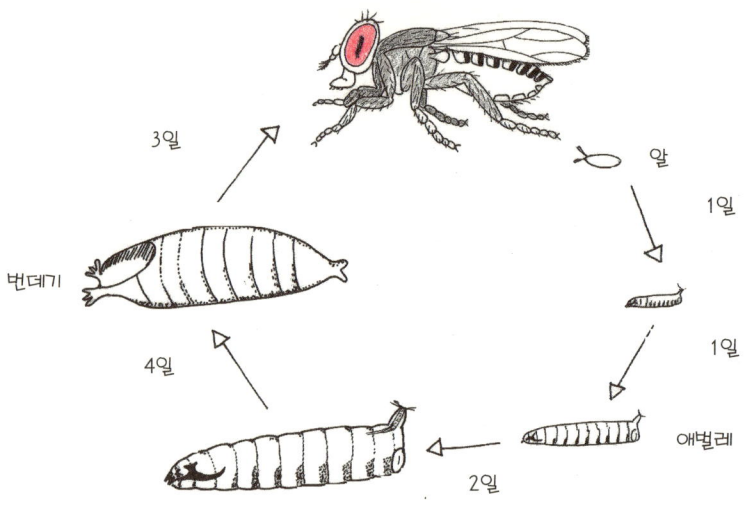

**그림 10 초파리의 일생.** 초파리는 몇 mm 정도 크기이며 성숙한 과일에 많은 수의 알을 낳고, 과일 성분은 단순한 구조를 가지고 있고 머리와 다리가 없는 애벌레에 영양을 공급하여 빠르게 성장한다. 번데기에서는 다리, 눈, 더듬이와 날개가 있는 성충 파리가 태어나고 날기 시작한다.

수 있었는데 모든 후손은 적색 눈을 가지고 있었다. 적색 눈의 파리들은 모두 암컷이었고, 수컷의 경우에만 백색 눈이 관찰되었다 (그림 11). 결론적으로 유전자 화이트의 운반체는 염색체라는 사실과 암컷에서는 이배체, 수컷에서는 반수체였다. 이것을 X염색체(X-chromosome)라 한다. 수컷은 두 번째 X염색체 대신 단 몇 개의 유전자만이 보유하고 있는 Y염색체(Y-chromosome)를 가지고 있다. 수컷은 암컷으로부터 X염색체를 모두 받았기에 수컷의 X염색체에서 발생되는 열성 돌연변이의 표현형은 알아보기 쉽다. Y염색체는 X염색체와 동일하지 않으며, 교배 후 감수 분열에서 정자는 X 또는 Y염색체를 가지게 된다. 사람의 경우, XX와 XY는 암수의

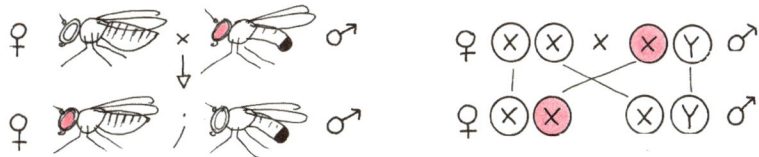

**그림 11 X 염색체.** 백색 눈의 암컷 파리를 적색 눈의 수컷과 교배시키면 적색 눈의 암컷과 백색 눈의 수컷이 태어난다. 백색 눈 유전자는 x염색체상에서 돌연변이가 일어나므로 수컷에는 한 마리만 백색 눈을 가지고 태어난다. 수컷은 x염색체를 전적으로 모계로부터 받고 Y염색체는 부계로부터 받는다.

구조가 다르고 다른 동물에도 항상 적용되지는 않는다. 예를 들면 새의 경우 수컷은 2개, 암컷은 단 1개의 성 염색체를 가지고 있다. 악어는 염색체로 성이 구별되지 않고 온도에 따라 결정된다. 일반적으로 염색체에 의한 성은 암, 수 비슷한 확률로 결정되지만 온도는 아무 의미가 없다.

### 재조합

파리 몸체의 여러 가지 특징, 즉 날개의 길이, 몸의 색, 털의 수와 위치, 눈의 구조 등 여러 가지에서 새로운 돌연변이가 발견되었다. 적당한 교배 과정을 통해 대부분의 돌연변이 과정을 3가지 염색체로 정리하였는데, 여기에서 멘델의 법칙과 약간 다른 점이 발견되었다. 그것은 유전자들은 같은 염색체상에 있어서 특징들이 독립적이지 않고 서로 연결되어 유전된다는 것이다. 이러한 사실은 정확히 파악되지 못하였는데, 대부분의 생명체는 수없이 많은 염색체쌍을 가지고 있기 때문이다. 예를 들면 해마는 18개, 제브라 물고기는 25개, 사람은 23개, 그리고 초파리는 4개이다. 두 가지 다른 유전자가 한 염색체에 있을 가능성이 사람의 경우 매우 낮고 파리의 경우는 높다.

　무엇보다도 교배 과정에서 한 염색체상에서 돌연변이가 두 차례 발생된다면 서로 연결되어 일어나지 않고-이것은 유전의 법칙에 맞지 않는 현상인데-관찰되었고, 이러한 현상을 재조합이라 한다. 이와 같은 사실은 감수분열 과정에서 같은 종인 모계, 부계로부터의 염색체들이 교배될 때, 수가 감소되기 전에 염색체의 교차가 일어난다는 것이다. 따라서 반수체인 난자는 이미 섞여진 염색체를 보유하게 되고, 이러한 교환은 순간적으로 발생된다. 유전자 위치가 서로 가까울수록 교차가 일어날 가능성은 낮아진다. 두 가지 특징들이 혼합되어 나타나는 빈도는 염색체상에서 유전자 간의 거리(위치)를 추정하는 기준이 될 수 있다(그림 12). 이러한 방법으로 유전자 카드가 만들어지고 염색체에 있는 유전자들을 배열할 수 있다. 여기에서 얻은 결과들은 매우 중요하다. 이것은 염색체에 있는 유전자들이 직선이며 이차원으로 싸여 있는 구조로 서로 분리되어 있지 않다는 것을 의미한다. 감수분열 과정에 일어나는 교차현상은 동물과 식물 모두에서 일반적으로 발생한다. 이러한 현상은 이미 일찍부터 생식세포에서 발생된 세포 안에서 키아스마(감수분열 시 상동염색체들이 서로 꼬이는 경우가 있는데 이 교차된 부분을 가리킨다, chiasma)로 현미경을 통해 관찰되었다. 염색체 조각들의 교환은 생식세포에서 여러 가지 특징을 조합하여 염색체 수를 통해 접합자에 전달된다는 것을 의미한다.

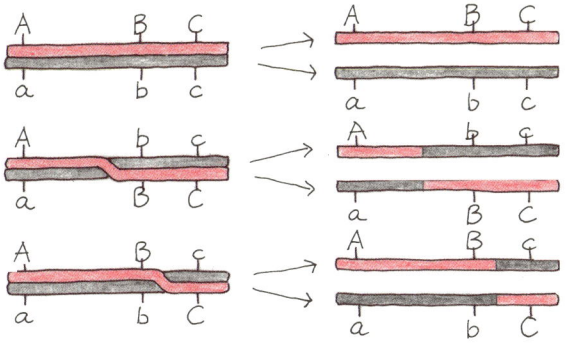

**그림 12 재조합.** 감수분열 초기, 염색체 쌍에서 교배가 일어나면 가끔 부러지거나 뒤바뀌기도 한다. 이러한 경우, 대립유전자는 모계와 부계의 염색체상에서 새롭게 조합을 구성한다. 재조합은 유전자 B와 C 사이보다는 유전자 A와 B 사이에서 더 자주 발생된다.

## 거대염색체

파리의 경우 애벌레 성장 과정에서 세포분열뿐만 아니라, 세포의 크기도 커진다. 염색체들에서는 DNA가 반복적으로 복제되고 세포질의 부피도 증가하지만 세포분열은 일어나지 않는다. 세포들은 배수체이며 크기도 크다. 초파리에서 여러 가지 염색체들이 두껍게 뭉쳐져 있고 소위 '거대염색체(giant chromosome)'를 형성한다. 이것은 특히 뇌하수체에서 발달되어 있는데, 밴드 모양이 특징적이고 유전자들이 고밀도이며 다양한 방법으로 모여 있다. 밴드들이 각각의 유전자와 직접적으로 일치하지는 않지만, 이 밴드들은 유전자 카드를 만드는 데 사용될 수 있다. 유전자 카드는 재조합 과정을 통해 확인하고, 유전자의 질서를 파악하고 유전자를 읽을 수 있게 할 수 있다(그림 13).

**그림 13 거대염색체.** 캘빈 브리지(Calvin Bridge)가 묘사한 x염색체 끈의 밴드들이다. 여기에서는 초파리 유전자의 150~5,000개의 밴드와 몇 가지 유전자의 위치가 표시되었다.

## ❷ 돌연변이

유전자에 비교적 크게 변화가 일어나는 것을 돌연변이(mutation)라 하고, 달라진 유전자를 가지게 되는 생물체를 돌연변이주라고 한다. 한 개나 여러 유전자의 대립유전자 상태를 유전자형, 생물체에서 유전자들이 표현되었을 때에는 표현형이라 하며 유전자의 기능에 대한 정보를 가지고 있다.

돌연변이는 갑자기 발생하나 자주 일어나지는 않으며 빈도는 여러 인자들에 의해 영향을 받는데, 예를 들면 X선은 염색체를 끊어지게 할 수 있으며, 이때 손상된 염색체는 일반적으로 원상복귀되지만, 회복되지 않고 염색체 전체가 손상되는 경우도 있다. 거대염색체에서는 손상되는 위치와 크기를 예측할 수 있다. 특정 화학 물질에 노출되면 돌연변이 빈도수가 높아질 수 있다. 대부분 돌연변이 과정에서는 한 개의 유전자가 손상되어 원래 가지고 있던 기능을 수행할 수 없게 된다. 이러한 마이너스(minus) 돌연변이는 마치 유전자가 손실된 것 같이, 즉 상실(deletion)처럼 보인다. 멘델의 법칙에서 어긋나는 반응들은 야생형(wildtype)의 경우 '+'로, 손상 돌연변이된 경우 '−'로 표기한다. 유전자는 표현된 일반적 형태가 아니고, 돌연변이 표현형이 생성된 후에 표기되는데 그 이유는 여러 가지 유전자들이 같은 구조를 가지고 있을 수 있는 것에 있다. 예를 들면 백색 눈 파리는 백색 으로 분홍색 눈 파리는 적색 대신 분홍색으로 표현된다. 야생형의 대립유전자는 일반적으로 우성이고, 마이너스 돌연변이는 열성으로 유전되는데, 이것은 온전한 유전자로 일반적인 기능을 수행하기에 충분하다는 것을 의미한다. 파리의 유전자형은 w+이며, w−는 적색 눈을 가진 타입이다. 유전자의 나머지 기능이 남아 있게 되는 약한 돌연변이도 있다. 유전자의 돌연변이주를 누군가 발견하게 되면 연구자에게는 그 유전자의 이름을 지을 수 있는 특권이 주어지며, 이때에는 주로 표현형에 대해 간단하게 표시된다.

대부분 유전자의 돌연변이는 동물의 생존 능력에 영향을 주고 파리 유전자의 1/3(대략 5,000쌍 정도이다) 정도가 변하는 동질 돌연변이 개체는 생존하지 못한다. 이것은 유전자가 온전하지 못하면 배아세포나 애벌레 과정에서 또는 변태되는 과정에서 성숙되지 못하고 죽게 된다는 것을 의미한다. 반대로 표현되는 표현형의 개체 수가 증가하면 백색이든 황색이든 생존하는 능력을 감소하지 않게 되는 유전자 수는 비교적 적다.

유전자의 기능이 돌연변이를 통해 사라지지 않고 변화되는데 예를 들면 다른 유전자가 보통의 경우보다 더 활성화되어 조절하는 것이다. 파리의 경우 안테나페디아(Antennapedia)는 머리에서 더듬이 대신 다리가 솟아나는 경우로, 이러한 현상을 돌연변이라고 하는데 암세포 발생의 원인이 되기도 한다.

한 세포가 가지고 있는 유전자의 반 이상이 변이된 상태를 'still'이라 하는데, 이것은 돌연변이된 동물에서는 유전자들이 사라져도 태어나는 표현형이 별로 눈에 띠지 않는다는 것이다. 이러한 현상은 파리와 쥐에서도 관찰되었다. 그럼에도 불구하고 이러한 유전자가 동물의 생존 과정에서 중요한 역할을 할 것이라 보여지는데 모든 여건이 잘 갖추어진 실험실 환경에서는 관찰하기 어렵다. 이러한 많은 동물에서 이러한 유전자 돌연변이가 관찰되었다면 생존 능력이 눈에 띠게 감소하였을 것이다. 근친교배의 경우 분명히 치명적인 병은 보이지 않았지만 일반적인 생존 능력이 눈에 띠게 감소하는 것은 관찰되었다. 대부분 동물과 식물에서 일어나는 매커니즘에서는 형태학(morphology)이나 성의 생리학에서 근친교배를 억제하는 방향으로 반응하는 것으로 보인다.

실질적으로 모든 돌연변이주는 표현형이며, 야생형과 비교하여 생존 능력이 부족하다. 진화 과정에서 이러한 돌연변이는 자주 극적인 표현형을 만들고, 돌연변이가 된 개체는 일단 눈에 띠게 되므로 자연계에서 쉽게 사라진다. 유전자가 분자적 관점에서는 무엇이며 생화학적으로 어떻게 영향을 주는지에 대한 질문들이 초파리 연구에서는 해명되지 않았다. 유전자와 표현형의 생화학적 관계는 곰팡이와 박테리아의 물질 대사 연구를 통해서 규명되었다.

## 3 유전자의 분자적 특성

곰팡이와 박테리아는 반수체이며 모든 유전자(gene)는 한 개만 있다. 유전자의 표현형은 직접적으로 돌연변이 세포에서만 나타나는데 유전자의 생화학적 기능 연구에 실용적이다. 세포들은 액체배지에서 쉽게 배양된다. 돌연변이 세포도 쉽게 배양되므로 영향을 주는 인자로써 배지에 포도당이나 생화학적 합성경로에서 알려진 중간대사물질을 첨가하여 물질대사를 연구할 수 있다. 이러한 연구를 통해 돌연변이주에서는 물질대사에 영향을 주는 특정 효소들이 없다는 것을 발견하였다. 즉, 이것으로 유전자가 특정 효소의 유무를 결정하는 것에 중요한 역할을 한다는 것으로 이해할 수 있었다. 지속적인 연구 결과 돌연변이주에 대한 연구를 통해 물질대사를 분석해 낼 수 있었다. 당시에 각 유전자는 한 개의 효소를 만들고 일반적으로 단백질은 유전자에 의해 정해진다는 이론을 발표하였다.

유전자의 화학적 특성은 20세기 중반까지 알려지지 않았고 유전자가 단백질로 되어 있는지 또는 세포핵에서 특징적으로 발견되는 핵산물질인지에 대해서는 오랫동안 많은 논란이 있었다. 뉴욕의 록펠러대학에서 일했던 세균학자 오즈월드 에이버리(Oswald Avery)와 동료들은 드디어 1944년 박테리아를 사용하여 유전자물질은 데옥시핵산, DNA로 되어 있다는 것을 증명하였다. 실험은 다음과 같다: 세포 추출물을 통해 박테리아 세포 간에 유전 물질을 전달하게 하였다. 폐렴균은 대립유전자의 특성을 가지고 있는

데 매끈하거나 거친 콜로니를 형성하는 성질을 활용하였다. 단백질을 분해하는 효소를 통하지 않고, 유전자의 농도를 높였을 때 불활성화할 수 있었다. 반대로 DNA를 분해하는 DNase를 첨가하였더니 유전자는 즉시 파괴되었다. 미국의 생물학자들인 알프레드 허시(Alfred Hershey)와 마르타 체이즈(Martha Chase, 1952)는 실험으로, 박테리아 세포 안에 바이러스의 단백질은 제외하고 단지 바이러스의 DNA만을 넣어서 감염시킨 경우를 보여주었다. DNA의 화학적 구조는 비교적 단순하고 이미 오래전부터 알려져 있었다. 따라서 유전자가 이렇게 단순한 물질로 구성되어 있다는 것이 당시로서는 놀라운 일이었다. 1869년 튀빙엔에서 스위스 국적의 프리드리히 미셔(Friedrich Miescher)가 DNA는 사슬형 분자(chain molecule)로 단 4개의 다른 구조 물질로 되어 있다는 것을 발견하였다. 구성물들은 염기인 아데닌(Adenin, A), 티민(Thymin, T), 구아닌(Guanin, G)과 사이토신(Cytosin, C)들이 당, 인산기와 함께 연결되어 있다.

## DNA 이중나선구조

DNA의 화학적 구성은 단순하지만, 분자를 삼차원 구조를 관찰하면 매우 흥미롭다. 이러한 구조는 그 유명한 DNA 이중나선구조(double helix)로써 1953년 생물학자인 제임스 왓슨(James Watson)과 물리학자 프랜시스 클릭(Francis Crick)이 영국 케임브리지에 있는 카벤디시(Cavandish) 실험실에서 분석하고 발표하였다. 모델이 가능했던 것은 런던 킹스칼리지(King's College)에 있었던 영국인 화학자 로자린드 프랭클린(Rosalind Franklin)의 측정 결과를 활용할 수 있었기 때문이었다. DNA 가닥은 두 개의 반대 방향으로 향하면서 꼬여 있는 가닥들이 상보적(complementary)으로 결합되어 있다. 이것은 한 가닥에 순서대로 놓여 있는 염기가 다른 가닥의 염기에 단단히 연결되어 있어서 가능한 것이다. 한 가닥의 A는 다른 가닥의 T와 역시 G는 E와 마주 보며 연결하고 있다(그림 14). 이런 특징은 각 염기들 간에 화학적 친화성이 있으므로 각 염기들 간에만 연결될 수 있는 것에 기인한다. 이상한 규칙으로는 모든 분석된 생물체에서 A의 양이 항상 T와 같고 G는 C과 같다는 것인데 - 이것은 이미 뉴욕 컬럼비아대학에서 연구하던 오스트리아의 화학자 에르빈 사르가프(Erwin Chargaff)에 의해 발견되었는데- 이것은 이중 상보구조(complementary double)에 기인한다고 설명되었다. 4개의 구조물은 서로 매우 비슷한 구조를 가지고 있으며 화학적으로는 모든 유전자가 같다. 기능은 어떤 순서로 가닥을 구성

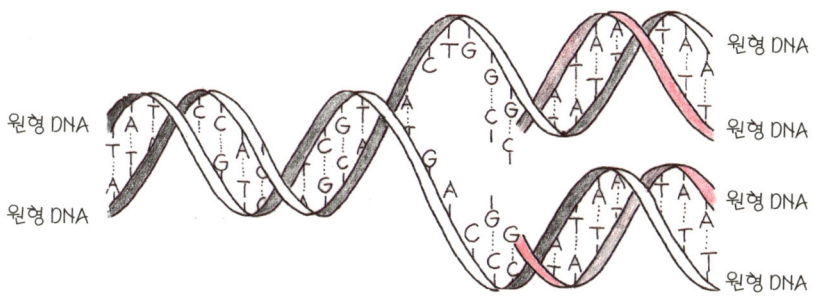

그림 14 DNA-이중나선구조. 2개의 서로 상보적인 가닥은 자기복제 과정에서 단순히 복사만 하면 된다. 이 그림은 제임스 왓슨이 1965년에 발간한 '유전자의 분자생물학(Molecular Biology of the Gene)'에서 인용한 것이다.

하고 있느냐에 달려 있다. 이 구조의 경이로움은 단순함에 있다 – 단지 절대 실수하지 않고 읽을 수 있는 4개의 알파벳으로 표기하고 복제하는 과정에서는 한 방향에서 다른 방향으로 자기 복제만 하면 되는 것이다.

유전자에서 염기의 서열(sequence)은 나중에 생성되는 단백질의 아미노산에 대한 정보가 된다. 번역(translation) 과정은 DNA 구조가 발견된 후 바로 밝혀졌는데, 그 과정은 다음과 같다. 서로 반대 방향으로 향하고 있는 가닥 두 개의 상보성은 단백질을 합성하기 위해 각각 한 가닥에서 복제가 되는데 이러한 과정을 전사(transcription)라 한다. 꼬여 있는 두 개의 가닥들이 풀어지면서 한 가닥이 읽혀지고 상보적으로 복사되는데, 이것은 DNA가 아니고 RNA가 된다. RNA는 DNA와 같은 핵산이지만 데옥시리보즈(deoxyribose)라는 당이 있는 자리에 리보즈(ribose)가 위치하게 되고, 염기인 티미안(Thymian) 대신 우라실(Uracil)이 합성 과정에서 만들어진다. 한 가닥의 DNA로부터 복사된 RNA는 단백질을 합성하기 위한 기본 초석으로 사용된다. 복사된 RNA는 mRNA(messenger RNA)라 한다. 세포질에서 RNA는 단백질을 합성하게 되고 여기에서 염기의 서열에 따라 아미노산들이 운반되어 연결되는데, 이 과정을 번역이라 한다. 여기에서 많은 종류의 효소들이 리보좀에 모여 다같이 작업에 참여하게 된다. 복잡한 과정의 여러 단계에서 다양한 효소들이 사용되는데 시작단백질(start protein), 연결효소, mRNA와 특정 적응분자들이 그것이다. 이러한 물질들 중 특이하게 꼬인 모양을 하고 있는 tRNA(transfer RNA)가 있다. mRNA 가닥 한쪽 끝에는 mRNA의 염기서열에 맞는 상보염기서열(complementary base sequence)이 있게 되고, 다른 쪽 끝에는 염기서열 정보에 맞는 아미노산이 운반되어 실려지게 된다. 여기에서 일정한 순서로 연결된 아미노산들이 취합되어 단백질이 된다. 자주 여러 개의 리보솜이 mRNA 가닥을 따라서 동시에 움직여서 많은 양의 단백질 분자가 한 번에 합성되기도 한다. 생성된 단백질은 최종적으로 합성되기 전에 접혀지면서 단백질의 삼차원적 구조가 아미노산 서열에 따라 결정된다. 많은 종류의 단백질에는 이렇게 접히는 과정을 촉진시키는 효소들이 들어 있다(그림 15).

**유전자 코드**

DNA를 복사한 RNA에서 염기 서열 순서는 단백질 구조를 결정하는데 이것은 20개의 기본 물질, 즉 화학적으로 다양한 특성을 가지고 있는 아미노산들이다. 번역 과정에는 각각 3개의 RNA가 단백질을 구성하고 있는 한 개의 아미노산을 결정한다. 2개의 염기는 16 조성이 가능하고, 3개의 염기는 64가지 조성이 가능하다. 염기 3쌍이 한 개의 아미노산을 의미하는데 3개로 구성된 염기들이 모두 아미노산을 결정하는 것에 작용하지는 않고, 한 가지 아미노산을 결정하는 코돈(codon) 세 번째 염기가 자주 같게 나타나는 것을 볼 수 있다. 모든 단백질 분자 끝부분에 공통적으로 자리잡고 있는 코돈들이 있는데, 이들을 정지코돈(stop-codon)이라 한다. 이것을 유전자 코드라 하는데 이것으로 단순한 DNA 구조가 단백질로 변화한다. 이로 인해서 여러 가지 화학적 특징을 표현하는 것이

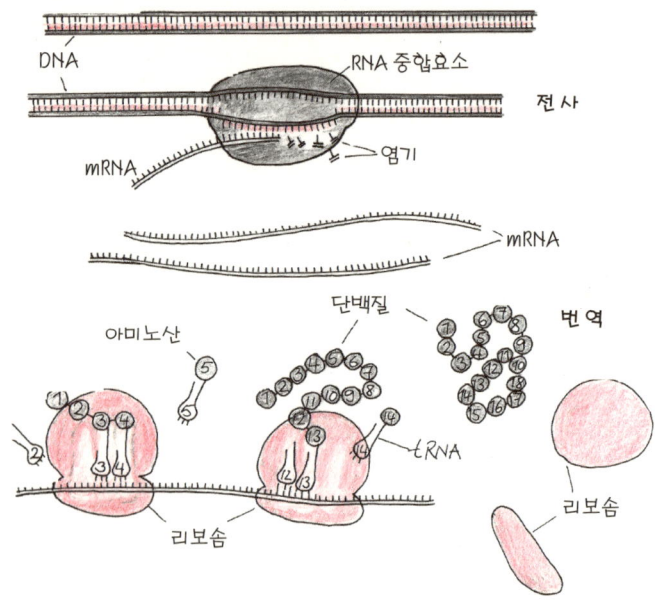

**그림 15 전사와 번역.** 전사 과정에서는 DNA 가닥이 풀어지고, RNA 중합효소에 의해 상보적인 염기들이 합성되어 mRNA를 만든다. 이렇게 합성된 mRNA는 단백질 합성 과정의 기초로 사용된다. 두 부분으로 구성되어 있는 리보솜에는 tRNA, 코돈에 일치하는 아미노산(번호로 표시)들과 mRNA가 있다. 필요한 효소들은 아미노산을 연결하여 단백질로 만든다. 마지막 단계에서 리보솜은 다음 과정을 시작하기 위해서 해체된다.

가능한 것이다. 세포를 구성하고 세포의 기능을 나타내는 일은 유전자가 아니라 단백질의 과제이다. 단백질의 생화학적 특징은 구성하고 있는 아미노산의 종류와 순서, 입체 구조에 의해 결정된다. 최종적으로 생명에 영향을 주는 것은 단백질의 역할이다.

### 전사 조절

세포에서 유전자로부터 단백질이 생산되면 그 유전자는 활성이 있다고 한다. 유전자 활성은 유전자의 전사가 중지되거나 지속되면서 조절된다. mRNA가 합성되면 자동적으로 단백질 합성으로 연결된다.

유전자의 앞부분에는 프로모터(promotor)라고 하는 특정 조절 부위가 있어서 RNA 중합효소(polymerase) 같은 효소에 연결되고 여기에서 전사가 시작된다. 개시 부위 근처에 다른 단백질이 연결되는데, 전사인자가 되며 이것은 유전자의 전사를 멈추거나 또는 활성화한다. 박테리아에 있는 이러한 컨트롤 부위와 여기에 연결되어 있는 단백질들은 프랑스 생물학자 프랑수아 자코브(Francois Jacob)와 자크 모노드(Jacques Monod)가 1962년 발견하였다. 전사가 시작될 때 RNA 중합효소의 작용을 억제하는 단백질을 억제제(repressor)라 하고 다른 전사인자들은 활성인자(activator)로 작용한다. 박테리아에서 컨트롤 부위는 유전자 크기에 비해 짧으나, 다세포 생물에서는 일반적으로 여러 가지 요소로 구성되어 있다. 이렇게 전사인자들을 위한 연결 부위가 형성되어 있어서 전체적인 유전자 조절이 가능하다. 유전자활성의 조절과 전사인자는 모든 생명체에서 시간과 공간을 초월하여 중심적인 역할을 한다.

## ④ DNA 자가복제

서로 반대 방향을 향하고 있는 두 개의 DNA 가닥의 상보성은 즉시 실현되며 세포 분열이 일어날 때에는 항상 유전자가 자기를 복제하듯이 늘 같은 기능을 나타낸다. 두 개의 가닥이 서로 떨어지고 가닥 각각에서 각각 상보복제(complementary copy)가 만들어진다. 여기에서 두 가닥 중 한 가닥은 그대로 남아 있고 나머지는 새로 만들어진 것이다(그림 14). 이러한 반응을 반보전적 자가복제(semiconservative replication)라 한다. 이러한 매커니즘은 미국인 매슈 메셀슨(Matthew Meselson)과 프랭클린 슈탈(Franklin Stahl)이 1958년 증명하였다. 지면에 그려져 있듯이 자기복제 기능이 그렇게 간단하지는 않으며, 마치 꼬여 있는 양모섬유들을 풀듯이 가닥들이 일단 해체시켜야 한다. 또한 DNA 분자는 일정 거리마다 잘라져야 하고 후에는 다시 질서정연하게 연결되어야 한다. 가끔 실수가 발생하지만 DNA 자가복제(replication) 과정에 관여하는 여러 종류의 효소들이 있어서 발생된 오류를 다시 회복한다. 만약 이러한 오류들이 고쳐지지 않는다면 나중에 돌연변이로 작용한다. 다윈이 진화론에서 기본적으로 가정하고 펼쳤던 이론들은 DNA 자가복제 과정에서 우연히 발생한 오류에 기인하는 경우가 대부분이다. DNA 서열을 잘못 읽으면 단백질에서 아미노산이 바뀐다거나 만약 정지코돈이 있으면 단백질 합성 과정이 중단되기도 한다. 한 개의 염기가 없어지거나 추가되면 세 개씩 잘라져서 한 개의 코돈이 되는 과정이 밀리면서 합성되는 단백질도 달라지고 혼란스럽게 된다.

### 5 유전공학

DNA구조가 알려진 후 박테리아, 바이러스, 박테리오파지같이 대부분 단순한 생명체에서 유전자 코드, 단백질 합성 과정,

DNA 자가 복제 과정 등이 연달아서 밝혀졌다. 제임스 왓슨은 그의 저서 《유전자의 분자생물학 Molecular Biology of the Gene》에서 생명체의 가장 중요한 원리를 이해한 것에 대해 매우 만족했다고 하였다. 그러나 가장 단순한 형태에서 일어나는 생명 원리는, 여러 가지 세포로 구성되어 있고 변화를 하는 고등 생물체에는 적용되지 않는다. 무엇보다도 분자 생물학의 도그마(dogma)인 DNA가 RNA를 만들고 이어서 단백질을 만드는 것은 다세포 생물에서도 유전자코드와 같이 적용된다. 이에 자크 모노드는 'What is true for E.coli, is true for elephant(대장균에서 발견되는 기능이 코끼리에서도 똑같은 기능으로 발견된다)'라고 표현하였다.

분자유전학에서 얻은 많은 결과들은 생물체 밖에서 행해지는 실험에서 얻어진 것으로, 이를 통해서 DNA를 읽고 자르고 수리하고 전사하는 효소들이 분리되고 분석되었다. 많은 공정들은 세포추출액이나 반응기에서 효소 반응을 유도하여 이루어졌다. DNA 분자의 길이가 너무 길어서 각 유전자의 기능을 결정하기 매우 어려웠다. 가장 단순한 구조의 DNA 분자로써는 박테리아 세포 안에서 증식이 가능할 정도로 크기가 작은 환상 플라스미드(circular plasmid)가 있었다. 그러나 이 역시 여러 가지 유전자로 변할 수 있는 천 개의 염기쌍(base pair)으로 되어 있다. 단백질은 화학적 특성에 따라 분리할 수 있지만, 유전자들은 화학적으로 거의 동일하고 유전자가 있는 곳과 없는 곳이 밀착되어 있으므로, 단백질의 경우와 같은 화학적 분리가 불가능하다. 고등 생명체의 DNA는 매우 긴 분자로 되어 있으므로 절단하여 작게 분리할 수 있다.

### 혼성이중가닥형성

핵산을 구성하고 있는 서열이 알려져 있지 않아도 서열을 비교하는 방법은 알고 있었다. 두 가닥의 DNA는 고온에서는 불안정하므로 해체되고, 온도가 낮아지면 다시 두 가닥이 된다. 한 가닥의 DNA-또는 RNA 분자들은 서로 상보적이면 혼성이중가닥을 형성한다(hybridization). 서로 다른 생명체에서 분리한 DNA와 RNA를 혼합하면 서열을 알지 못하므로 서로 맞지 않아도 혼성이중가닥을 형성한다. 이러한 방식으로 다른 생명체에서 분리한 핵산들이 비슷한 서열을 가지고 있는지 확인할 수 있다.

### DNA 재조합체(recombinant)

DNA를 자르고 다른 생명체로부터 분리한 DNA와 재조합시키는 효소들은 이미 35년 전에 발견하였다. 이러한 DNA 조각들은 플라스미드의 DNA에 이식할 수 있었다. 여러 가지 DNA 조각을 가지고 있는 플라스미드를 박테리아에 흡수하게 하고 이 박테리아가 증식하면 플라스미드에 있는 DNA 조각들도 증식하게 된다. 이러한 유전자 조각을 가지고 있는 박테리아의 콜로니를 클론이라 하고, 박테리아에서 유전자가 증식되게 하는 방법을 클로닝이라 한다. 한 생명체로부터 유전자 조각이나 특정 유전자를 분리하기 위해서 그 박테리아들을 취합하면, 통계적으로 생물체의 모든 유전자는 여러 가지 박테리아콜로니에서 발견할 수 있다. 이러한 것을 유전자 도서관(gene library) 또는 유전자 은행(gene bank)이라 한다. 몇 만 개의 콜로니에서 원하는 유전자를 찾으려면 상황에 따라서 발생되는 여러 가지 어려움도 해결되어야 한다. 혼성이중가닥형성 방법으로 특정 유전자를 가지는 클론은 유전자 도서관에서 얻을 수 있다. 작은 유전자 조각이 이미 존재하면 이것과 겹쳐지는 서열을 가지고 있는 더 큰 조각들은 혼성이중가닥형성 방법으로 알아낼 수 있다. 이러한 방법으로 많은 유전자로 덮여 있으면서 모여 있는 DNA 부분을 취합한다. 박테리아에서 클로닝된 많은 유전자를 이러한 방법으로 분리할 수 있다. 이미 알려져 있는 유전자 조각들은 박테리아를 거치지 않고 생물체 내에서 효소를 이용하는 새로운 방법(polymerase chain reaction, PCR)으로 증식시킬 수 있다.

### 단백질 서열과 구조

DNA 조각을 증식시킴으로써 염기 서열을 결정하고 유전자 코드를 활용하여 합성되는 아미노산의 조성을 직접적인 단백질 분석을 거치지 않고도 밝혀낼 수 있다. 생물 분야 연구에서 유전자를 우선 분리하여 단백질 서열을 분석하는 방법은 혁신적이고 진보적인 방법이라 할 수 있다. 이러한 방법으로 많은 종류의 단백질을 분석하였다. 예전에는 분리하기도 불가능했던 매우 적은 양의 단백질 성분도 분석이 가능해진 것이다.

각 유전자를 분리함으로 인해서 박테리아 세포나 배양액에서 많은 양의 단백질 생산이 가능해졌다. 여기서 주인세포의 DNA와 단백질은 기계를 사용하여 합성시킨다. 호르몬, 혈액성분, 특정효소, 항체(antibody) 같이 특별한 단백질들도 사람 세포를 분리하거나 사용하지 않고도 매우 순도 높은 상태로 다량 생산이 가능해졌다.

많은 종류의 단백질들을 분석하면서 단백질 서열상에 특정 부위(domain)가 있고, 이 때문에 항상 같은 기능을 가지게 된다는 것을 알게 되었다. 예를 들면, 전사인자(transcriptionfactor)에서 소위 호메오 도메인(homoe domain)이라고 하는 60개의 아미노산으로 구성되어 있는 부위가 있는데, 이것은 특정 DNA에만 연결되고 특정 유전자 그룹에 속한다. 초파리에서 처음으로 발견되었지만 다른 전사인자에도 그 존재가 확인되었다. 다른 전사인자들도 이런 종류의 단백질 도메인을 가지고 있다. 다른 많은 종류의 단백질과 항체 중 110개 아미노산으로 되어 있는 긴 이뮤노글로불(immonoglobule) 도메인같이, 단백질에서는 소량이지만 반복해서 나타나는 도메인(domain)이 대부분이다. 세포가 일반적으로 밖으로 내보내는 단백질들은 구조상 앞부분에 특정 아미노산 서열을 가지고 있으며, 막단백질은 막 안에 자리 잡고 있는 지용성 아미노산으로 된 부분이 있다. 성능이 우수한 컴퓨터와 프로그램을 활용하여 단백질 구조를 분석하면, 그 기능은 아직 알려져 있지 않으나 새로운 도메인이 자주 발견된다. 즉, 이것은 단백질들이 비슷한 수준으로 나뉘어 있어서 이러한 도메인이 있는 경우에는 역시 일정한 기능도 가지고 있다는 것이다.

## 6 다세포생물의 유전자

DNA 가닥의 상보성, 유전자 코드, 전사, 리보솜에서의 번역 과정 등 유전자의 작동 원칙들이 모든 생명체에서 똑같이 작용하지만, 박테리아와 바이러스와는 다르게 고등한 생명체들의 유전자들에는 나름대로의 특징이 있다. 박테리아와 바이러스에서 단백질로 번역되는 DNA 코드는 많은 부분이 알려져 있다. 진핵세포(핵과 핵막을 가지고 있는 모든 단세포와 다세포)의 경우 많은 양의 DNA로부터 단백질로 합성되지 않는 부분으로 되어 있다는 것이다. 또한 DNA는 독립적으로 있지 않고 특정 단백질이나 히스톤(histone) 등과 연결되고 압축되어 싸여 있는 상태로 존재한다. 이들은 잘 짜여진 나선형 모양을 이루고 있어서-다세포 생물체의 유전자는 매우 긴 DNA 사슬을 가지고 있음에도 불구하고-매우 짧고 밀집된 형태를 갖추고 있다. 이렇게 잘 짜여진 DNA를 염색질이라 한다. 세포가 분열하기 전에 DNA의 자기복제를 위해서 이런 짜임새를 풀어야 한다. 그러나 원래 모양대로 그 짜임새를 복구하는 일은 매우 어려운 부분이다. 이 짜임새는 많은 위치에서 지나치게 밀집되어 있으므로 유전자의 전사가 일어나기 어려운 경우도 있는데, 이런 부위는 세포의 분화 과정에서 표현되지 않는다.

단백질로 합성되는 DNA 조각들에는 정지코돈이 나타나지 않은 것이 특징이며, 단백질로 번역되지 않는 부분에는 필요한 정지코돈이 있는 것으로 알려져 있다. 이러한 부분들이 유전자 사이에 있게 되므로 이러한 유전자들은 특별히 긴 모양을 띠게 된다. 유전자의 단백질 코딩 서열들에 잘라지는 특성이 있는 유전자들도 있다. 이렇게 잘라지는 부분을 인트론(intron)이라 하고 단백질로 합성되는 부분을 엑손(exon)이라 한다. 고등 생물체의 유전자 대부분은 많은 인트론을 가지고 있고, 엑손은 큰 DNA에 흩어져 있다.

유전자들은 세포핵에서 전사된다. 여기에서 인트론을 포함한 총체적 RNA가 만들어지고 RNA 분자들은 엑손과 인트론을 구별할 수 있는 효소에 의해 잘라지게 되는데, 이 과정을 스플라이싱(splicing)이라 한다. 인트론들은 잘라져서 떨어지게 되고, mRNA는 세포질로 운반되어 리보솜에서 번역 된다(그림 16).

효모 같은 단세포 생물에서는 유전자 사이에 있는 번역되지 않는 부분들이 짧지만 포유류의 경우 전사되는 부분보다 번역되지 않는 부분이 훨씬 길다. 유전자 활성을 조절하는 조절부위는 전사인자에 연결되어 있다. 프로모터(promotor)에 추가적으로 전사기작을 시작시키는 조절 부위에는 긴 부분에 걸쳐서 영향을 주는 인헨서(enhancer)라는 것도 있다. 가끔 인트론에서 발견되는 인헨서들

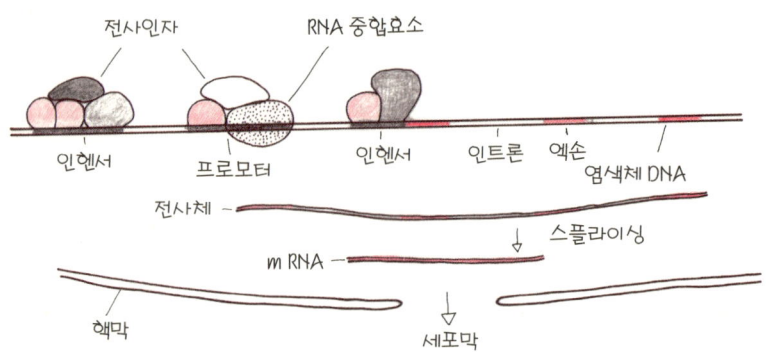

**그림 16 진핵세포의 유전자 구조.** 전사는 억제제 또는 활성인자로 작용하는 단백질들에 의해 조절된다. 이러한 단백질들은 전사 시작점인 프로모터와 가까이 있지만 종종 멀리 있는 경우도 있다. 생성되는 RNA는 유전자의 복사본이며 후에 단백질로 합성되지 않는 부분인 인트론을 포함하고 있다. 인트론은 전사 과정에서 잘라져 분리되어 mRNA에는 엑손부분만 복사되고 세포질로 전달된 mRNA는 단백질 합성을 위한 주형으로 사용된다.

도 있다. 조절 부위에는 프로모터, 인헨서, 조절을 담당하는 전사인자가 연결되어 있어서 유전자가 전사될 것이지 대해 영향을 준다.

일반적으로 세포의 기능만을 담당하는 유전자의 전사는 간단하게 조절되는데 모든 세포에서 활성이 있다. 변화를 조절하는 유전자들은 여러 가지 전사인자가 연결될 수 있는, 매우 짜임새 있는 조절 부위를 가지고 있으며 활성화하기도 하지만 억제하기도 한다. 이러한 경우 연결 부위가 동일하여 경쟁이 일어나며, 농도가 높을 때나 더 강하게 연결될 수 있는 인자들이 기능을 나타내게 된다.

### RNA와 단백질 분배

생명체에서 유전자의 mRNA와 단백질 같은 유전자의 생산물들은 분자생물학적 시료를 통해 관찰될 수 있다. 유전자의 mRNA를 증명하기 위해서는 유전자와 상보적인 RNA 복사를 생체 밖에서 만들고 염색한다. 염색된 RNA를 세포에 들어가도록 하여 이미 있던 mRNA와 혼성이중가닥을 형성하게 한다. 원래 세포 유전자의 mRNA가 있는 세포에서는, 이 mRNA가 혼성이중가닥을 형성하여 안티센스(복제할 때 기초가 되는 DNA가닥을 sense라 한다, antisense) RNA로 남아 있게 되지만 다른 곳에서는 없어질 수 있다. 비슷한 방법으로 표시(marking)한 항체를 사용하여 단백질도 확인할 수 있다. 안티바디와 단백질들은 각 분자들을 인식하고 연결하여 반등할 수 있다. 안티바디는 핵산과 같이 색소나 형광색소로 (florescenz) 염색이 가능하다(그림 17).

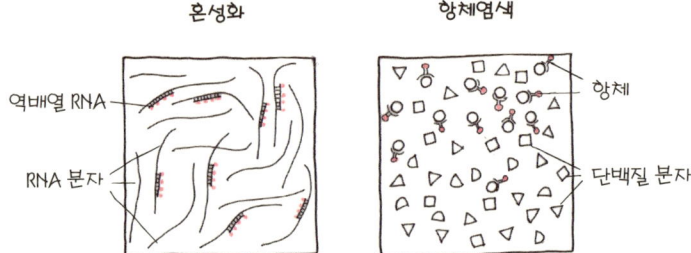

**그림 17 혼성화와 항체염색.** 세포에서 분자들을 볼 수 있게 하기 위해서 염색된 RNA나 단백질 분자를 만든다. 분석하고자 하는 유전자의 mRNA에 상보적인 mRNA는 mRNA에 결합하여 색깔을 띠게 된다. 이 염색된 mRNA를 얻는 배아에서도 염색 부위가 관찰된다. 유전자가 생산하는 단백질을 관찰하려면 같은 방법으로 염색하고 배아에서 확인한다. 이러한 염색법은 그림 26, 27, 31과 50에 설명되어 있다.

### 형질전환 동물

고등 생물체로서 분리된 유전자를 다시 생물체에 넣는 실험의 첫 번째 대상은 초파리였지만, 지렁이 종류인 예쁜 꼬마선충, 제브라 물고기와 쥐에서도 이미 같은 방법으로 시도되었다. 이러한 방법을 형질전환(transformation)이라 하고 추가된 유전자를 가지고 있는 동물체는 형질전환 유전자(trans gene)라 한다. 형질전환된 파리를 만들려면 유전자를 분리하고 분리된 유전자를 박테리아에서 합성시켜 생산한 플라스미드 DNA 용액을 직접 파리의 엉덩이 부분에 있는 난자의 플라스마에 주사한다(그림 18). 이 플라스마는 극세포로 들어가게 된다. 주사된 알에서 발전된 파리들은 원래 가지고 있던 고유의 유전자를 거의 잃게 된다. 줄기세포에서 만들어진 후손은 모든 세포에 이형접합체의 유전자를 보유하게 되는데, 이러한 후손만을 알아보기 위해서는 적당한 표지가 필요하다. 돌

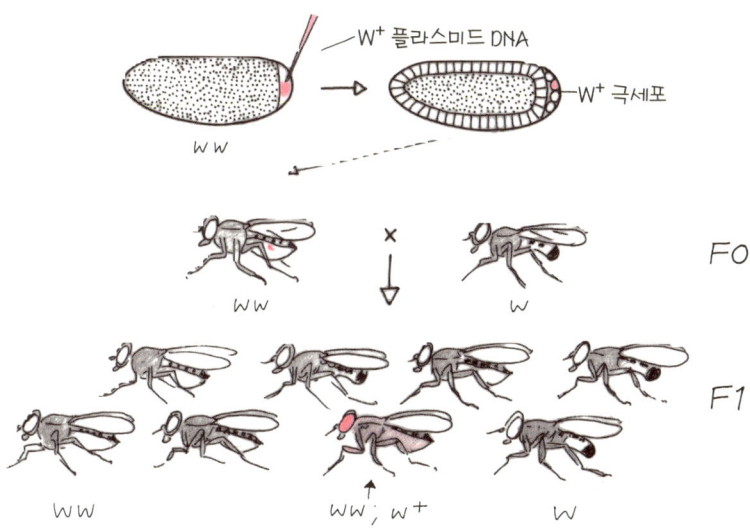

**그림 18 형질전환된 파리.** 파리의 유전자에 전환시키고자 하는 유전자가 포함되어 있는 플라스미드를 폴플라스마에 주입한다. 플라스미드에 w+(white plus) 유전자를 삽입하여 반응 과정을 추적할 수 있다. 극세포에 플라스미드가 자리잡게 되면 w+인 핵을 가지고 있는 파리가 된다. 교배 후 다음 세대에도 전달된다. 형질전환된 파리 F1은 w+이면서 적색 눈인 것을 발견할 수 있는데, 이것은 체세포와 핵세포가 새로운 유전자를 보유하고 있다는 것을 의미한다.

연변이된 파리들은 표현형의 유전자를 사용한 형질전환으로 회복될 수 있다. 여기에서 적당한 유전자가 분리되었는지, 보통 기능에 필요한 모든 조절 부위가 들어있는지 확인할 수 있다. 여기에서 파리에 넣는 유전자들은 다른 생물체에서 분리되기도 하고, 여러 종류의 유전자를 조합하기도 하여 특정 유전자 부분의 기능을 알아낼 수도 있다. 형질전환된 동물에서는 생물체에서의 조절과 유전자의 일반적인 기능의 다양성을 관찰할 수 있다. 유전자를 외부에서 온 조절 부위와 조합하면 과잉 생산(over production)되거나,

잘못된 시점이나 위치에서 단백질이 생산되기도 한다. 이렇게 형질전환 동물을 이용한 다양하고 효율적인 방법들이 있지만 여기에서는 간략한 소개 정도만 할 것이다.

# Ⅳ 발생과 유전학

화학, 생물학과 분자유전학 분야의 발전과 함께 생물의 발생 과정에 대한 궁금증이 증폭되었다. 사실 슈페만의 실험 후 1970년 대까지, 이 분야에서 눈에 띄는 결과를 얻지는 못했다. 옆 부분에 신호를 보낸다고 가정하는 유도(induction)는 여러 가지 관점에서 묘사되었지만 작용하는 분자는 자주 다른 반응을 보였다. 발생학 분야의 이론을 개발하고 발전시키려면 시간이 필요하다. 그러나 일단 '…일 것이다'라는 이론과 함께 가정하면, 앞으로의 연구에서 많은 도움이 될 것이다.

영국의 생물학자인 루이스 볼퍼트(Lewis Wolpert)는 강물에 사는 히드라(hydra)가 스스로 재생하는 것을 관찰하고 배에서 세포들이 발생될 때에도 위치에 따라 비슷하게 작용할 것이라고 주장하였다. 위치정보에 대해서 그는 조직 중심부부터의 거리를 다음과 같은 방법으로 측정할 수 있다고 보았다. 한 가지 물질이 퍼지면 세포가 있는 곳으로부터 멀어지므로는 낮아진다. 일정한 상태가 되기 위해서 세포는 물질의 최소 농도를 필요로 하고, 세포 조직은 둘로 나뉘게 된다. 이것을 점차적인 농도구배(gradient)라 하고 가

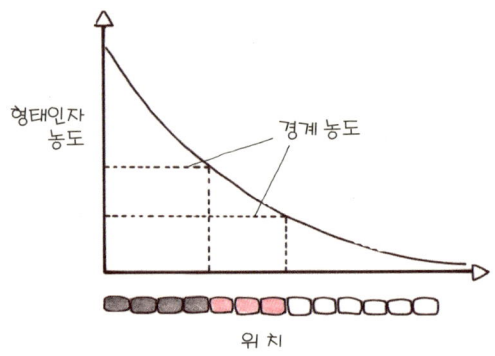

**그림 19 형태인자 농도구배도.** 농도에 따라 다르게 작용하는 물질을 형태인자라 한다. 일정한 반응에 필요한 최소한의 농도를 한계 농도라 하는데, 회색 세포가 분화될 때 높은 농도가 필요하다면 적색 세포의 경우보다 한계 농도는 높게 된다.

장 낮은 농도에서 시작된다(그림 19). 이러한 물질의 여러 가지 한계값을 형태인자라 하며 물질의 상태는 다양하다. 형태인자의 양에 따라 질적 차이가 나타나게 되는데, 우선 같은 농도 부분이 다양한 부분으로 나누어진다. 보베리는 이미 이와 비슷한 아이디어를 가지고 있어서 생물학자들에게 모델링과 계산법을 제안하였지만, 어떻게 그러한 형태인자 농도구배(morphogen gradient)가 만들어질 수 있느냐는 이론가들의 비난만 받았다. 그럼에도 불구하고 배 연구를 하였지만 전통적인 방법으로 찾는 형태인자는 발견해 내지 못했고, 농도구배 모델(grandient model)에 대해서도 논란의 여지가 많으므로 이 이론은 일반적으로 받아들여지지 못했다.

배아의 발생 부분에서 그러면 결정적인 단계에 영향을 주는 인자들은 어떻게 찾았는가? 난자에서 위에서 아래로 늘어나거나 작아지게 하는 슈페만의 형성체 또는 보베리가 표현한 '그 무엇'은 어떤 분자인가? 실제로 형태인자(morghogen)가 존재하고 어떤 모습을 띄고 있는지? 생화학적 방법으로 그러한 인자들을 분리하기가 매우 어려웠는데, 그 이유는 일단 테스트를 실행하기에 양이 너무 적었기 때문이었다. 언제 그런 인자들이 있는지 이런 것을 코딩(coding)하는 유전자도 있을 것이라고 추정하였다. 슈페만의 형성체가 없는 유전자를 보유하고 있는 돌연변이 배아(embryo)들은 몸의 축이 없다는 것을 발견하였다. 박테리아에서 특정 물질을 합성할 수 없는 돌연변이체를 찾는 연구 중, 물질대사와 유전자 조절에 관여하는 주요 인자들인 프로모터와 억제제들도 밝혀지게 되었다. 박테리아 유전학은 생명 생성 과정을 추적하는 데에도 비슷한 방법으로 연구하였다. 또한 생물체의 모양을 갖추어가는 과정에서 중요한 기능이 있을 만한 유전자를 돌연변이화함으로써, 유전자의 기능과 생명 생성 과정을 밝히는 데에도 크게 공헌하였다.

## 1 모델 생물체

유전학 연구 분야에서는 우선 연구 대상을 잘 선택해야 하고, 동물의 돌연변이체는 다른 종류와 교배가 되지 않으므로 실험이 같은 종끼리 수행되어야 된다. 개구리의 경우 1, 2세대가 사는데, 자리를 많이 차지하고 한 세대가 2년이나 걸리므로 유전자 연구에는 적당하지 않다. 해마는 실험실에서 양식하기 어렵지만 초파리는 유전자 연구에서 다양한 방법을 적용하여 실험할 수 있다. 1970년대에는 추가적으로 다른 생물체를 사용하였는데 영국 캠브리지(Cambridge)에서 시드니 브렌너(Sydney Brenner)는 실지렁이인 예쁜 꼬마선충을 대상으로 구조를 가능한 단순화하고 박테리아에서 사용했던 유전자분석법을 그대로 적용해 실험하였다. 이 작은 벌레는 배아 발생 끝 무렵에 정확한 세포분열(현재는 모든 과정들이 정확히 묘사되어 있다)을 통해서 959개의 체세포를 보유하게 된다는 것이 발견되었는데 이것은 매우 흥미로운 결과였다. 이 결과는 각 세포가 분화될 때 일어나는 미묘한 반응과 특정 세포 간 발생되는 영향 등에 대하여 연구하는 계기가 되었다. 각각의 장점은 다르지만 파리와 벌레들은 훌륭한 실험 대상이었다.

당시에는 파리와 개구리의 배아 발생 과정은 잘 알려지지 않았었지만, 배아에서 모양이 형성되는 과정을 유전학적 방법으로 연구하는 데에 파리가 적합하다는 것이 곧 인정되었다. 발생 연구에서는 애벌레는 성숙한 파리에서 만들어지지 않고 배아 발생 과정에서 만들어지는 중간체이므로, 구조적으로 애벌레가 만들어지는 것은 매우 흥미롭다. 따라서 배아의 발생을 조절하는 유전자 돌연변이 과정에서 애벌레는 표현형으로 나타나게 된다.

파리가 키틴질(cuticula) 외부 껍질을 가지고 있는 애벌레로부터 전환되는지는, 구조적으로 쉽게 인식될 수 있는 여러 가지 부분이 있다. 배아에는 애벌레가 앞으로 움직일 때 사용하는 부분, 분비물을 내보내는 부분과 털이 있는 등 부분이 있다. 앞은 흉부의 단편 그룹으로 위에는 복부 부분이 있어서 쉽게 구별된다. 머리끝에는 수없이 많은 감각기관과 입의 역할을 하는 기관이 있고, 나누어지지 않은 뒷부분 등을 특징적인 구조라 할 수 있다.

## 2 초파리의 발생

### 난자 형성

초파리의 난자는 매우 큰 편으로 0.5mm 정도 되며, 앞과 뒤, 아랫부분 등 난자 막의 모양이 특징적이다. 난자는 암컷에서 만들어지며 영양세포와 난자세포를 형성하는 줄기세포와 나중에 난자 껍질을 만드는 체세포, 난포세포(follicle cell)의 두 부분으로 구성되어 있다. 영양세포와 난포세포는 단백질과 지방을 성장하는 난자 세포에 운반하고, 이 난자세포는 노른자로서 배아에 영양을 공급한다. 수정된 난자세포는 거대 세포가 된다. 세포질은 한쪽 끝에 투명한 부분이 있는 것 외에는 구조적으로 별 차이가 없다. 이것을 폴플라스마(polplasma)라고 하며 이는 배아 세포에 처음 형성된 세포로 줄기세포(stem cell)가 된다.

### 배아 발생

방금 태어난 알에서 전체 알의 위와 앞의 반이나 되는 부분은 난자 세포의 수정된 핵이 차지하고 있다. 처음 한 시간 동안 핵 부분에서 세포질은 나누어지지 않고 분열이 일어난다. 동시에 체세포 분열이 일어나면서 많은 수의 핵이 만들어지는데 이 핵은 표면으로 이동하면서 그곳에서 지속적으로 분열한다. 배아에 많은 핵이 생성(이것을 신지티움(synzytium)이라고 한다)되어 세포벽을 통과하면서 펴져나갈 수 있다. 3시간 후에는 6,000개의 핵들이 모여 있는 세포벽이 만들어지면서 세포의 배반엽(blastoderm)이 형성된다. 아직 모든 세포들은 똑같이 보이지만 낭배기(gastrulation)에 들어가면서 빠르게 달라진다. 배아 안에서 세포 그룹들은 이동하고 돌아가고 자리 잡으면서, 외배엽(ectoderm, 바깥부분으로 후에 피부와 신경조직이 됨), 내배엽(endoderm, 내장과 그에 관련된 부분이 된다)과 중배엽(mesoderm, 중간 엽으로 나중에 근육조직, 심장, 혈액과 다른 내부 기관으로 변화됨)을 형성한다. 낭배기 중에 배아의 복부가 될 부분이 길게 나누어지면서, 이 부분은 후에 중배엽 세포들로 배아 내부기관을 형성한다. 배아의 앞부분과 뒷부분에 위치한 세포 그룹들은 내배엽(endoderm)으로 꼬여지게 된다. 여기에서 배아는 구부리면서 앞으로 뻗어나가고 늘려진 상태에서 배아세포들은 신경 시스템을 만들고 각 기관들이 자리를 잡게 된다(그림 20). 발생 후 과정에서는 계속 움직이면서 각 기관들이 만들어지고 구조가 형성된다. 결과적으로 기능에 따라 각 세포들이 분화되고 각 기관으로 만들어지게 된다. 24시간 후에는 어린 생물체 형태로 된다.

애벌레의 심장은 뒷부분에서 만들어지고, 각 기관들은 영양분과 호르몬을 전달해 주는 무색의 혈액에 떠 있는 상태이며 혈관은 아직 없다. 산소는 혈액에 의해 운반되지 않고, 공기로 채워진 관이 곳곳에 있어서 밖의 공기가 통과하게 된다. 애벌레에서 중앙 신경 시스템은 사다리 모양으로 뇌에서 뻗어나간다. 이것은 각 세포에서 만들어지는데 이를 신경포배(neuroblast)라 한다. 외배엽에서 중추신경계가 될 신경모세포가 발생되고, 신경모세포는 다시 일련의 신경절모세포를, 신경절모세포는 뉴런을 만들면서 안쪽 방향으로 연장된다.

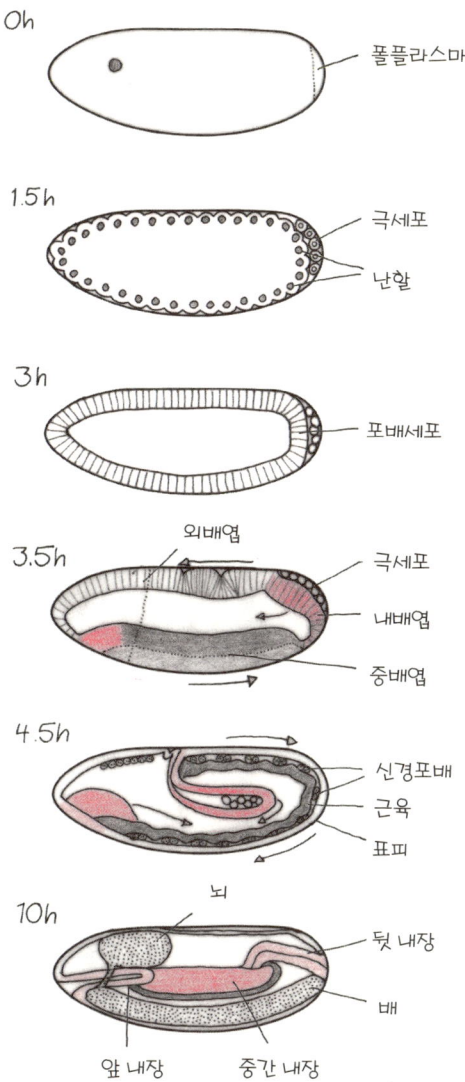

**그림 20 초파리의 배아발생 과정.** 난할 과정에서 우선 배반엽(1.5시간)이 만들어지고 세포의 포배는 3시간 후에 형성된다. 낭배기에서는(3.5시간) 세포 그룹들이 내부로 들어가고 배아는 늘어나게 된다(4.5시간). 화살 표시는 움직이는 방향을 따라가고 내장기관(적색)들은 중앙이고 앞부분은 왼쪽, 배는 아랫부분이다.

### 성충판

앞에서 설명하였듯이 애벌레는 세포 분열을 통하기보다는 세포의 크기가 커짐으로써 생장한다. 생장하면서 2회의 변태 과정을 거치고 번데기에서 깨어나게 된다. 애벌레는 다른 곤충의 애벌레들과 비교하여 매우 단순한 구조로 되어 있는데, 다리도 없고 머리도 매우 작으므로 변태 과정은 순조롭게 이어진다. 외부막이 키틴질로 되어 있어서 유연성이 없기 때문에 이러한 것은 필요하다. 번데기 과정에서 변태(metamorphosis)가 일어나는데 3일 후에 번데기 앞부분에 주름이 생기면서 성장한 파리 몸으로 변화한다. 파리의 외부 구조가 구더기로부터 직접 만들어지지는 않고 분화되지 않은 세포 그룹으로부터 성충판(imaginal disk)이 형성된다. 파리는 수없이 많은 성충판들이 모자이크같이 쌍으로 만들어(하나는 오른쪽, 다른 하나는 왼쪽) 취합한다. 6개의 다리를 만들기 위해 3쌍이 만들어지고 날개, 가슴, 중간 몸체를 만들기 위해 2쌍이 만들어지며 눈, 안테나, 엉덩이 부분의 작은 기관들과 머리를 형성하기 위해서 2쌍이 만들어진다. 3~10개의 작은 세포 그룹으로부터 애벌레가 자라는 동안 각 성충판들은 계속 성장한다. 이 세포들은 규칙적으로 분열하여 40,000개의 세포로 구성되어 있는 성충판으로 성장하게 된다(그림 21). 호르몬인 엑디손(ecdysone)의 영향으로 변태가 시작되고 번데기의 수면 기간에 여러 가지 키틴질 구조, 솔, 털, 눈, 외부 성기관, 날개로 분화되고 모두 취합되어 파리 몸체가 생성된다.

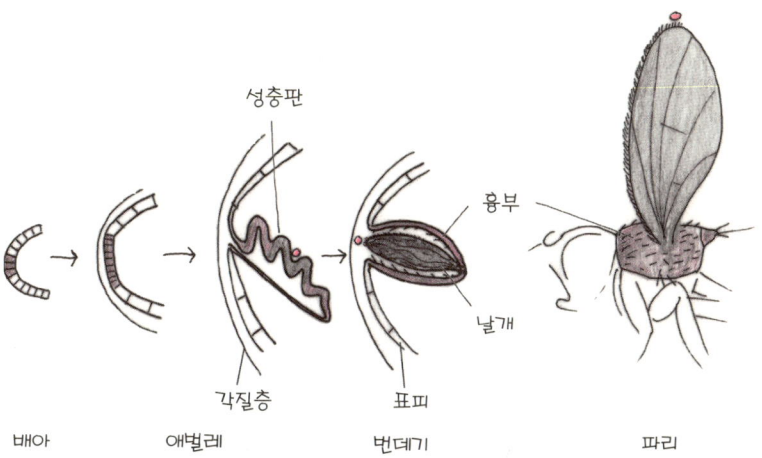

**그림 21 성충판.** 성충판은 성숙한 파리의 구조를 만들기 위해서 계속 분열하게 되는 외배엽 세포 그룹에서 만들어진다. 주름진 주머니같이 생긴 부분(여기에서 옆으로 나타나는)이 만들어지는데, 변태 과정에서 호르몬인 엑디손(의 영향으로 성숙한 파리가 된다. 파리는 여러 가지 다른 성충판들이 모자이크같이 취합하여 만들어지고, 그림에서와 같이 가슴(중간, 회색)과 날개가 만들어진다. 적색 점은 날개 끝을 가리킨다.

## 설계도

배반엽의 세포에 방사능으로 표시하여 파리의 애벌레나 성충의 몸이 어느 부분에서 만들어지는지 확인할 수 있다. 이 지도를 통해 알 수 있듯이 애벌레가 형성되는 과정에는 몸의 앞쪽 끝-뒤쪽 끝, 등-배의 두 축이 있다. 키틴질은 넓은 부분에서부터 만들어지며 난자 길이의 절반 정도가 된다. 각 단편들은 세포 직경의 3~4배 정도 되는 작은 곳에서 만들어지고, 이곳에서 몇몇 세포 그룹들이 성충판이 되어 앞부분을 형성한다. 내부기관들은 복부에 있는 중배엽으로 나타나는 길이 부분에서 형성되는데, 앞부분, 뒷부분에서 안쪽으로 들어가면서 뇌, 내장이 만들어진다(그림 22).

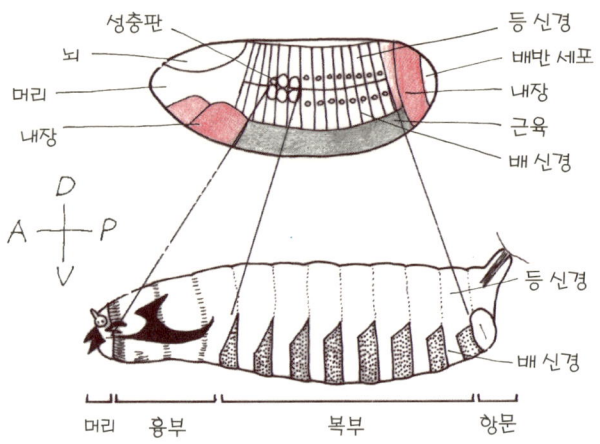

**그림 22 초파리 배의 지도.** 이 그림에서는 포배가 되는 부분 구조를 보여주고 있다. 체절(segment) 부분은 애벌레 몸의 앞에서 뒷부분까지를 표시하고, 배아의 가운데 부분이며 각 체절은 얇은 세 개의 세포가 된다. 나머지 부분은 대부분 내부 기관이 된다. A=몸의 앞쪽 끝, P=몸의 뒤쪽 끝, D=등, V=배.

## ③ 발생 유전자 형성 과정

난자에는 보이지 않는 분자들이 있으면서 전성설에서 주장하듯이 반응이 진행되는가? 아니면 우리가 이해하고 있는 사실 외에 새로운 것이 있는가? 어떤 기관들이 어떤 물질을 만드는가에 대한 정보가 이미 수정된 배에 존재하는가, 아니면 후에 생기는 것인가?

발생을 조절하는 물질들은 유전자에 입력되어 있다. 이미 설명했듯이 초파리는 발생과 생존을 위해서 약 5,000개의 필수 유전자를 가지고 있다. 일반적인 세포 생존에 필요한 대부분의 단백질들은 세포 대사에 관여한다. 세포가 생장하고 분열할 때, 많은 단백질들이 활성화되기도 하고 세포 구성 물질이 새롭게 만들어지기도 한다. 파리가 낳는 알에는 이미 이런 것을 위한 정보들이 입력되어 있다. 유전자들은 알이 성숙하는 과정에서 수정되기 전까지 활발하게 반응하며 활성을 가지고 있다. 이러한 유전자들은 배아의 증식 과정 동안 소모되지 않는 경우가 많은데, 그것은 이미 생성물, RNA 또는 단백질들이 이미 저장되어 있기 때문이다. 돌연변이가 일어나게 되면 저장 물질이 소모되어 발생 과정이 중단된다. 이 유전자들 중 돌연변이가 일어나면 돌연변이주들은 표현형으로 표현되지 않는 경우가 대부분으로, 모든 기관과 조직들은 제자리를 잡고 몸의 모습은 달라지지 않는다.

같은 유전자 상에서 다른 부분이 있는데 애벌레나 파리의 모양이 만들어질 때 특수한 기능이 있는 경우이다. 이렇게 발생에 관계하는 유전자는 각 위치를 정하고 분배할 때, 일반적으로 정해진 시점과 정해진 동물 부위에서 활성을 가지게 된다. 발생 유전자의 돌연변이주는 표현형이 되는데, 애벌레의 구조가 달라지거나 위치나 모양이 잘못된 곳에 있는 경우이다.

처음 발생 단계에서는 태어나는 난자에 이미 입력된 인자들에 의해 결정되고, 이러한 인자들은 모체 유전자의 영향을 받는다. 만약 암컷이 그러한 인자가 없는 돌연변이주라면 애벌레로 발생될 수 있는 난자가 생성되기는 하지만, 문제를 가지고 태어날 가능성이 높다. 이러한 모체로부터 기인한 발생돌연변이주들의 표현형은 우선 2세가 태어났을 때에 나타나고 부계로부터 기인되는 유전형으로부터는 영향을 받지 않게 된다(그림 23). 나중에 배반엽 시기부터는 태아의 유전자에 의해 표현형이 결정된다. 이러한 발생 유전자의 돌연변이주들은 접합적이라고 하는데, 그것의 표현형은 접합체의 유전형에 의해 결정되기 때문이다. 두 종류의 돌연변이주들이 발견되었는데 대부분 정해진 실험계호기에 따라서 도출된 결과로서 인정된 것이고, 애벌레에서는 그 결과가 관찰되었지만 파리에서는 관찰되지 않았다.

돌연변이를 발견하려면 수컷 파리를 화학 물질로 처리하여 DNA 자가복제에서 실패율을 높이고 계속 키우면 변이된 정자로부터 태어나고, 여러 세대 근친 교배된 동형접합체 개체가 생성된다. 모든 유전자에서 일어난 변이를 찾기 위해서는 그러한 방법으로 근친 교배된 가족에 대한 연구가 가능한 많이 필요하다. 사용한 화학 물질의 결과와 돌연변이 빈도수를 명시한다. 파리의 경우 여러 가지 유전자에 관한 정보가 이미 알려져 있어서, 여러 가지 표

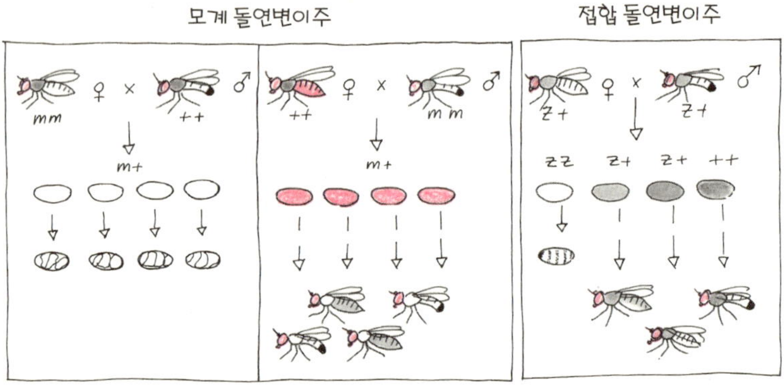

**그림 23 모계 & 접합적 돌연변이주.** 모계 돌연변이주는 똑같은 암컷(mm)을 만들고 여기에서는 보통의 유전자를 가진 수컷과 교배하여도 이상이 있는 알을 낳게 된다. 양쪽의 교배 결과, 똑같이 배아의 유전형에는 없고 모계의 유전형에만 있게 된다(왼쪽). 접합체 변이주 (z)에는 동형접합체 배아에만 표현형(zz)이 발생하는데, 이것은 이형접합체(z+) 부모 사이에서 만들어진 것이다.

시 돌연변이(marker mutation)와 계통, 애벌레의 표본이 만들어져 있다. 세포와 조직이 없는 키틴질 표본은 이의 매우 좋은 예가 된다. 이것은 몸 전체가 피부로 덮이게 되고 애벌레의 모양에 민감한 변화가 있는 것으로 발견된다.

유전자에 대한 계획적 연구에서는 모계로부터 그리고 접합종에서 모양이나 구조가 이상한 애벌레 돌연변이주가 나타났을 때 발견될 수 있다. 모습을 결정하는 역할을 하는(세포의 다른 기능은 없으면서) 이러한 유전자의 수는 놀랍게도 얼마 되지 않는다. 초파리에서 이러한 방법으로 대략 40개의 모태와 120개의 접합적 유전자들이 발견되었는데, 이것은 전체 유전자의 일부분에 해당한다.

## ④ 유전자의 논리

하나의 변이주는 유전자를 결정하고 돌연변이가 된 생물체가 보이는 표현형을 일반 개체와 비교하면서 어떤 유전자가 결핍되어 있는지를 파악하여 유전자의 기능을 확인할 수 있다. 그것이 일반적인 발생 상황과 얼마나 다르며 언제, 어디에서 감지되는지 등에 대해서 어떻게 결정할 수 있을까? 모습 형성 과정의 연구 분야에서 파리 변이주의 가치는 유전자가 거의 완벽하게 분석되어 있다는 것이며, 퍼즐의 경우와 같이 유전자 조각들을 같이 모아서 전체적으로 어떻게 취합되는지를 확인하면 된다.

표현형은 어떻게 생겼을까? 우리가 생각할 수 있는 것을 다 볼 수 있는 경우는 없다. 유전자는 대개 단 한 가지 구조도 결정하지 못하며, 한 개의 유전자가 다리, 기관, 털 모양 등 몸의 각 부분까지 결정하지는 않는다. 궁극적으로 유전자의 논리성은 눈에 보이는 형태를 갖는 것에 있지 않다. 유전자 계획서는 일부 구조를 결정하는 유전자 산물의 위치로 설명되지 않는다. 여기에서는 유전자와 표현형의 수도 매우 적다.

어떤 논리가 적용되고 표현형은 무엇을 의미하는가? 여러 가지 변이주의 표현형은 때때로 매우 비슷할 때가 있다. 여기서는 같은 유전자의 다양한 대립 유전자에 의한 것이지만, 변이주의 경우 여러 유전자에서 비슷한 기능을 가지는 경우가 자주 있다. 변이주들의 비슷한 표현형에 따라 유전자들을 분류하기도 하는데, 이러한 그룹에 속하는 유전자 생산물들은 같은 과정에 영향을 주기도 한다. 물질 대사 과정과 같이 생화학 반응 경로에서 여러 효소들이 같이 연속적으로 반응하여 물질 합성을 유도하는데, 그 한 예로 아미노산합성을 들 수 있다. 신체 부분이 형성되는 과정은 한 체인에 작용하는 유전자에 변이가 일어나면 비슷한 표현형으로 연결되는데, 특정 부위가 없이 생성되기도 한다.

모체로부터 온 유전자 변이는 보통의 애벌레와 모양이 다르게 형성된다. 여기에서 분명한 것은 모양이 생성되는 가장 처음의 기능을 결정한다는 것이다. 파리 암컷 변이주의 난세포는 모양을 형성하는 유전자를 많이 갖고 있지 않다. 흥미로운 것은 여기에서 원래 모습과 다를 수 있는 가능성은 그리 크지 않다는 것이다. 앞-뒤(anterior-posterior, AP) 축이나 등-배(dorsal-ventral, DV) 축 상에서 변화가 가능한데, 이것은 곧 두 개의 축이 서로 독립적이라 것을 의미한다. 등-배 축에서 변이가 일어나면 배아의 구조에 이상이 생겨서 배세포는 등만 만들고, 길이 축의 분열은 일어나지 않는다. 길이 축에는 세 개의 유전자 그룹이 있는데, 이들은 앞의 반절이나 뒤의 반절과 양 극의 앞이나 뒷부분에 작용한다(그림 24). 모체 내의 발생 프로그램은 4개의 독립적인 반응으로 나뉘어 있는데 각각 한 부분씩 결정한다. 반대로 특정 구조들의 형성은 이런 여러 과정을 거쳐 결정된다.

수정된 유전자들에는 모성 유전자(maternal gene)보다 다양한 종류의 표현형이 있다. 일반적으로 작은 부분만 없어지고 다르게 보

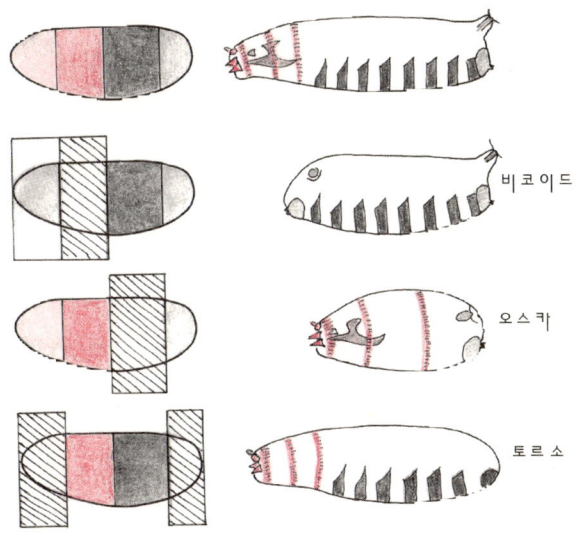

**그림 24 모성 유전자 그룹의 앞-뒤 축.** 모성 변이주(maternal mutant)를 만드는 배아세포에는 몇 가지 부분이 결손 되어 있는데, 비코이드(bicoid)는 보통 난자 앞에 오는 부분이 모두 빠져 있는 유전자를 말하며 오스카(oskar)는 복부, 토르소(torso)는 앞과 뒤의 끝부분이 없는 유전자를 말한다. 돌연변이 배아세포에 있는 오스카 유전자와 같이 토르소의 경우에도 그룹 유전자들은 같은 프로세스에서 자주 연속하여 작용하고, 4번째 유전자 그룹은 등-배의 축을 결정한다(그림에는 없다).

인다거나(몇 가지 예외는 있지만) 변이는 낭배기 후에 나타나게 된다. 여기에서도 비슷하거나 같은 표현형 유전자 그룹들이 있다. 이러한 유전자 그룹들은 배아의 등-배 축을 따라가면서 구조를 형성하는데 일치하는 모성 유전자 그룹과 비슷하다. 개체에서 형성되지 못한 부분은 완전하지 못하고 일부분만 이에 해당된다. 많은 돌연변이주의 경우 체절의 수가 감소하였다. 모성 유전자의 변이주에서 추가로 많은 부분이 없어진 경우, 체절구성(segmentation)에 관계된 접합 유전자에는 세 종류가 있다. 첫 번째 표현형 그룹은 갭-유전자(gap gene)로, 많은 부분이 결여 되어 있는 측면은 모성 유전자와 비슷하지만 크기가 작다. 모성 유전자, 오스카(oskar)의 표현형(그림 24)은 접합 유전자인 크닙스(knirps)의 표현형(그림 25)과 매우 유사하다. 두 개의 다른 그룹들에서는 일정 기간마다 여러 개의 체절이 생성되는데, 쌍으로 이어지는 유전자들에서는 두 번째 체절마다 비어 있고 결과적으로 체절 극성 유전자(segment

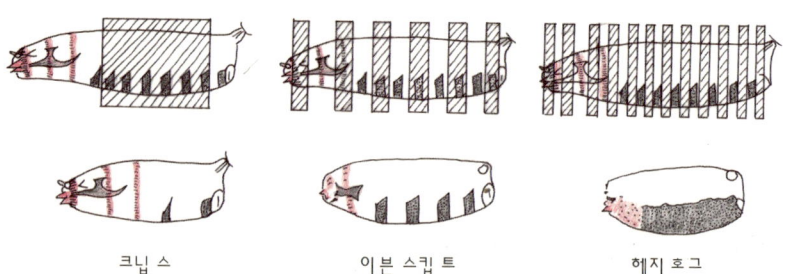

크닙스     이븐 스킵트     헤지호그

**그림 25 접합적 체절구성 유전자(zygotic segmentationsgene).** 유전자 크닙스(knirps)는 갭유전자에 속하고, 이 유전자들은 모두 복부가 결여되어 있다. 이븐 스킵트(even-skipped)같이 쌍으로 작용하는 변이주에는 2개씩 체절이 빠져 있고 헤지호그(hedgehog)에는 키틴질과 모든 체절이 없다.

polarity gene)에서는 체절 전체가 이에 해당된다. 이것은 배아세포가 큰 부분에서 작은 부분으로 단계적으로 분열하는 것을 의미한다.

표현형에서 나타나는 문제들은 유전자의 기능에 따라 여러 시기에 걸쳐 나타나게 되는데, 초기에 작용하는 유전자들은 다음 유전자를 활성화시키는 과정에서 조절된다. 난자는 각 단계별로 분열하는데 초기에는 큰 부분이 만들어지고 나중에 세밀한 부분이 만들어진다. 복잡한 구조를 만드는 과정을 더 잘 이해하기 위해 유전자 생산물의 생화학적 특성을 알 필요가 있다. 이러한 생화학적 특성을 알면 배아의 발생과 분열 과정에서 분자의 매커니즘을 추적할 때 조절 및 제어, 그리고 상호관계를 이해할 수 있다. 발생 유전자의 해독과 클로닝을 통해 전사인자(transcription factor)를 코딩한다는 것을 알 수 있었고, 이것은 다른 유전자의 활성을 조절한다는 것을 의미한다.

# V 분자유전학적 모델

    **초파리의 경우** 발생 초기에는 핵들 사이에 세포막이 형성되지 않은 것이 특징이다. 외부에 나타나는 난할핵들은 단백질들이 퍼져 나갈 수 있도록 세포질을 공유한다. 난자는 많은 핵을 가진 큰 세포로 되어 있는데 이것의 여러 가지 성분은 모태에서 온 것으로 나중에는 접합인자(zygotic factor)들이 존재하고 이들은 후에 막 사이에서 일정한 넓이로 퍼져나간다.

    모태에서 네 가지 유전자 그룹은 난자의 막과 세포질 사이에서 수정되기 전에 조절되는데, 배아의 앞과 뒤의 양쪽 끝에 쪽 네 개의 물질이 자리 잡게 된다. 이러한 물질들은 시그널로 작용하고 첫 번째 접합 유전자의 전사를 조정한다(그림 26). 앞에 위치한 접합 유전자는 활성물질 또는 억제물질로 작용하며 불안정한 전사인자를 코딩한다. 이러한 단백질들은 넓은 부위에서 만들어지고 이 부위 밖으로도 확산되어 작용하다. 초파리 초기 세포에서 이러한 단백질들의 적당한 인헨서와 접하게 되고 유전자의 적당한 활성을 조정한다. 새로운 단백질들이 만들어지고(전사인자들도 이때 만들어진다) 확산되어 기능을 발휘한다. 서로 억제하고 활성화하면서 빠

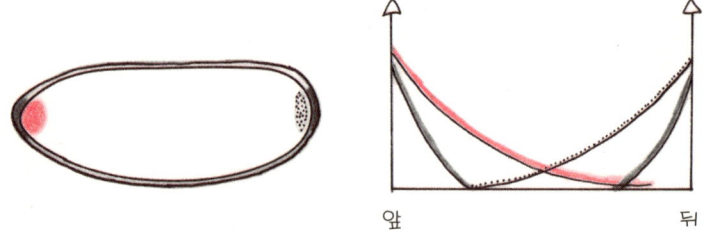

앞　　　　　　　　　뒤

**그림 26 앞-뒤 축의 모성영향 모델.** 난자에서 모태로부터 온 유전자 생산물들이 모여 있으면서 시그널을 표시하는데, 이것은 배아세포의 발생 시 세포질과 막 사이에서 조정되는 것이다. 왼쪽 그림의 앞에는 비코이드 mRNA(bicoid-mRNA)가 있고 뒤는 오스카에서 온 것이다. 토르소(torso) 단백질은 인식 단백질이며 세포막의 양쪽 끝부분에서 활성화된다(토르소 : 말단결정 유전자). 이러한 시그널로부터 농도구배 조건이 형성되는데 비코이드 단백질의 경우가 가장 단순하다. 토르소는 난자의 양극에서 두 가지 농도구배에 의해 활성화된다.

르게 변화하고 점점 더 복잡한 형태를 띠게 되는 분자생물학적 모델은 이렇게 해서 생성된다. 마지막에 만들어지는 모델에는 생성되는 세포들에서 나타나는 변화된 모습들이 남아 있게 된다.

　분자생물학적 모델이 만들어질 때는 두 가지 요소가 중요한데 분자물질의 농도와 분자물질들 간의 조합에 따라 다르게 나타나게 된다. 농도 차이에 의한 농도구배는 그 위치와 조합에 따라 제3의 또는 더 다른 형태를 만드는 원인이 된다. 이렇게 농도구배와 조합의 두 가지 조건은 배세포 발생 과정에서, 단순한 구조에서 복잡한 구조로 변화하게 하는 데 주요 원인이 된다.

　나중에 세포가 생성되면 이러한 인자들은 세포들 간에 단순히 확산만으로 전달되지 않고, 세포로부터 나오는 시그널 분자들이 세포 밖에서 확산되어 이웃하고 있는 세포들의 활성을 촉진하면서 전달된다.

## ❶ 농도구배도

농도구배(gradient)란 한 공간에서 어떤 조건이 지속적으로 변화하는 것을 의미하며, 이것은 다양한 여러 현상들의 원인이 될 수 있다. 예를 들어 산의 높이와 온도 변화에 따라 꽃의 군락이 달라지거나 밀도나 색도가 변화하는 것 등이다. 이러한 온도구배 현상은 배에서 발생이 시작되면 생물학적으로 활성인 물질의 농도 변화에 영향을 받게 되는 것과 같이 중요하다. 변화도와 그 영향의 예로 우선 물질의 농도가 분자의 크기와 상태에 따라 달라지는 것을 들 수 있다. 초파리의 초기 배아는 비코이드 농도구배도를 보인다. 모성 유전자에 속하는 비코이드 유전자는 발생하여 이분화되면 앞부분의 발생을 담당한다. 이 유전자가 없는 상태에서 형성된 '변이된 암컷'의 앞부분에서는 머리와 가슴이 만들어지는데, 비코이드 유전자 때문에 이런 부분들이 생성되지 않는다. 갓 태어난 난자의 앞부분에는 비코이드 mRNA가 꽂혀진 모양(anker)으로 자리 잡고 있으며, 수정 후 한 시간 내에 모여 있던 RNA의 번역이 일어나 비코이드 단백질이 된다. 이것은 농도 변화에 따라 뒷부분으로 퍼지게 되면서 난자 중심에 도착하게 된다(그림 26). 비코이드 단백질은 전사인자이며 이것은 호메오 도메인으로 DNA가 붙어 있고, 여러 가지 체절구성 유전자와 헌치백 유전자(hunchback gene)의 프로모터를 인식하는 데에 사용된다.

헌치백 유전자는 난자의 앞부분에서 전사되는데 비코이드 단백질이 없으면 헌치백 유전자는 전사되지 않는다. 일반적인 상태

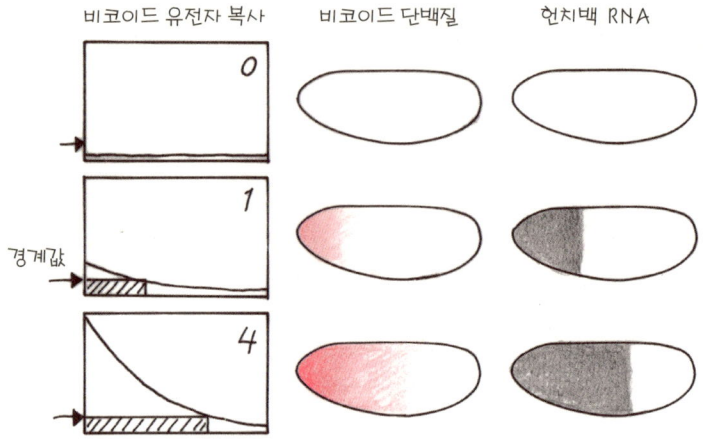

**그림 27 헌치백 유전자의 활성화와 농도의존도.** 비코이드 농도구배는 난자에 모여 있는 mRNA의 농도에 따라 변화된다. 이형접합체인 암컷은 단 한 개의 비코이드 복사본(bicoid copy)을 가지게 된다. 형질전환 유전자로 비코이드 유전자를 더 많이 가지고 있는 암컷은 난자에 네 배나 더 많은 mRNA를 보유하게 된다. 따라서 농도구배도에 따라 형성된다.

보다 비코이드 단백질이 많거나 적으면 변화도는 경사가 더 심해지고 높아지거나(고농도와 저농도의 차이가 크거나) 더 평평하고 낮아진다(그림 27). 따라서 헌치백 유전자가 전사되는 조건은 상태에 따라서 높아지기도 하고 낮아지기도 한다. 이것은 곧 헌치백 유전자를 활성화하려면 최소한의 비코이드 단백질 농도가 필요하다는 것이다. 일반적으로 이것은 난자 앞부분에 위치한다. 비코이드 단백질에 프로모터를 약하게 결합시키는 유전자는 난자의 앞부분에서 전사된다. 이때 세 개의 부위들이 형성되는데, 고농도에서 두 개의 목적 유전자가 활성화되고 중간 농도에서는 단 한 개의 목적 유전자가 활성화되며, 저농도에서는 한 개의 목적 유전자도 활성화되지 않는다(그림 28).

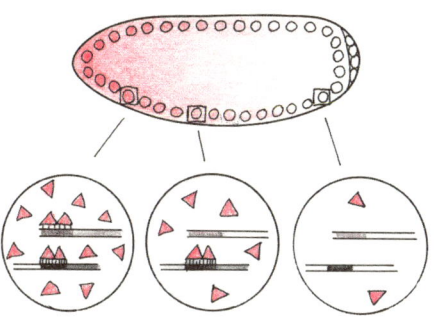

**그림 28 유전자 활성화 농도.** 비코이드 단백질이 높은 친화도(흑색)로 붙게 되는 프로모터는 난자의 중심에 있으며, 비교적 낮은 농도에서도 연결되어 활성화된다. 두 번째 유전자는 여기에서 정확히 표현했는데, 고농도에서 비코이드를 통해서 활성화된다. 앞에 설명된 두 개의 유전자들은 비코이드에 의해 다양한 농도에서 자유롭게 활성화되므로 난자의 여러 위치에서 비코이드 농도구배도가 형성될 수 있다.

앞의 예와 같이 형태인자도 한 곳에서 확산되어 난자가 여러 위치에서 분열된다. 여기에서 형태인자는 난자 앞쪽 끝에서 지속적으로 생성되는 단백질의 확산과 같이 전달되는 것으로 추정된다. 단백질이 안정적이면 변화도가 생성되지 않으며 난자에 전체적으로 확산된다. 단백질이 분해되거나 불안정하면 파괴 속도와 합성 속도에 따라서 난자 안의 단백질 농도가 위치별로 달라진다.

배아의 초기 상태에서는 모태로부터 온 네 개의 유전자 그룹이 양 극으로부터 조성되는 여러 가지 변화도에 의해서 조절되는데, 앞쪽에 높은 농도가 모여 있고 뒷부분까지 난자의 1/3에 영향을 주는 비코이드 농도구배도와 앞, 뒤 끝에서 시작되는 짧은 두 개의 변화도 등이 있다(그림 26). RNA는 뒷부분에 모여 있는데 이것을 오스카 RNA라 한다. 오스카의 주된 역할은 배반이 생성하는 폴플라스마를 합성하는 것이다. 배(복부, abdomen)를 생성하고 크닙스의 전사에도 변화되는 농도가 필요한데 이때 필수적인 변화도는 플라스마에서 시작되어 앞쪽으로 퍼져 있다(그림 24, 25). 모성 농도구배(maternal gradient)는 첫 번째 접합적 유전자인 갭 유전자가 앞-뒤 축에서 유도하는 전사과정을 조절한다. 계속해서 모성 농도구배는 DV 축(등-배 축, dorsal-ventral axe)에서 배 분열이 일어난다.

### 초파리 배부의 농도구배도

초파리 배부(등 부분, dorsal : 이 부분에서 발생하는 조직이 배의 등쪽으로 척추돌기(spine)를 따라 배치된다.) 전사인자의 농도구배도(gradient)는 축을 가로질러 나중에 배가 될 부분에서 농도가 가장 높아진다. DV 축에 모여 있는 시그널은 mRNA의 농도구배 분자와는 관계없이 전부 난자 막에 끼어 걸쳐 있는 형태로 자리 잡고 있는 단백질로 인식 단백질 톨(Toll)이며 후에 복부(배 부분, ventral)에서 활성화된다. 배부 단백질(dorsal protein)은 우선 난자에 균등하게 분배된다. 그리고 복부에서 톨을 활성화하고, 배부 단백질을 핵 내부로 들어가게 하면 배부 면은 세포질에 남아 있게 된다. 따라서 핵에는 배부 단백질의 농도구배가 형성되고 나중에 복부가 되는 곳에 높은 농도가 위치하게 된다. 배부 단백질의 농도가 높아지면서 유전자가 활성화된다. 낮은 농도일 때는 옆 부분에서 다음 유전자들이 작용한다. 배부 단백질은 배부에서 활성화될 수 있는 다른 유전자에서는 억제제로 작용한다. 이러한 농도구배 조건으로 난자들은 네 개의 길이 방향으로 내부에서 분열이 일어나는데, 어떤 것은 직접적으로 세포의 모양을 변형시키기도 한다. 꼬이는

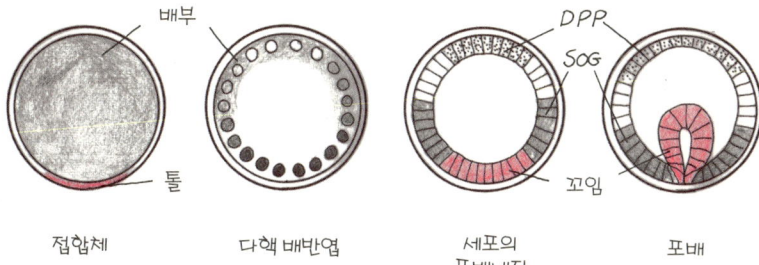

**그림 29 배부 농도구배.** 배부 농도구배는 우선 균일하게 분배되어 있는 단백질(회색)이 나중에 핵의 복부로 흘러가기 때문에 등 부분에서는 바깥쪽에 머물러 있게 된다. 이러한 매커니즘은 시그널이 접합체의 세포막에 있는 인식 단백질(receptor protein)인 톨이 전달되면서 시작되고, 여기에서 톨은 밖에서 오는 시그널에 의해 활성화된다(적색). 전사인자인 배부 농도구배는 비코이드와 유사하게 작용하고 배부 단백질의 여러 농도에서 여러 가지 유전자를 활성화된다. 따라서 배 부분에는 꼬여 있는 모양의 생성물이 만들어지고, 옆에는 Sog-단백질 그리고 배부에는 Dpp-단백질이 생성된다.

단백질을 가지고 있는 세포들은 배의 부분에서 접히고 중배엽을 형성한다. 가장 자리 부분에 있는 길이들은 복부 외배엽(ventral ectoderm)을 결정하고 여기에서 신경 조직이 생성된다(그림 29).

## ❷ 조 합

길이축에서의 분열은 복잡하고 잠시 동안만 만들어지는 전 모델을 통해 나중에까지 남게 되는 본 모델로 변화된다. 이론적으로 형태인자는 여러 농도 조건에서 다양한 현상이 일어나게 하고 대부분 많은 영향을 준다. 따라서 핵에도 동시에 존재하는 여러 가지 인자들의 다양한 형태의 조합이 축적된다. 이러한 특징으로 새로운 현상이 일어날 수 있는데, 예를 들어 인자 a는 A의 상태가 되게 하고, 인자 b는 B의 상태가 되게 하는 원인이 된다면 이 두 분자들의 조합은 C를 만들 수 있다. 인헨서나 프로모터에 연결되는 활성 인자(activator)와 억제제 간에 경쟁 관계가 자주 발생하거나 활성화 과정에서 두 가지 인자들의 조합이 가능할 수도 있다. 일정한 유전자가 작용을 시작하거나 멈추게 되는 것은 일반적으로 각 인자들의 농도에 의해 결정된다.

### 갭 유전자

초파리의 체절은 갭 유전자(gap gene), 쌍지배 유전자(pair-rule gene), 체절 극성 유전자에 의해 조절된다. 모성 농도구배(모체에서 온 배의 형태발생물질의 농도 차이)에 의해 갭 유전자가 조절되며, 여기에는 최소한 6개의 유전자가 존재한다. 이 유전자들은 각각 한 가닥이나 두 가닥으로 전사되고 이 가닥의 대부분이 초기에는 모성 농도구배에 의해 결정되며 나중에는 갭 유전자들이 서로 영향을 주어서 모든 전사인자들이 코딩된다. 이러한 전사인자들은 세포질에서 종 모양으로 확산되고 위치에 따라 농도가 다르므로, 역시 농도구배가 형성된다. 갭 유전자의 RNA 합성 과정에서 단백질 농도가 가장 높을 때 단백질은 다른 갭 유전자의 억제제로 작용한다. 가장 자리에서 농도는 감소하고 기준치 이하가 되면 단백질은 한 개나 여러 개 갭 유전자의 활성인자로 작용한다. 따라서 중복되지 않고 이웃하여 자리 잡으면서 난자를 감싸며 뒤덮게 된다.

갭 유전자가 배아 초기에 모성 농도구배에 의해 활성화되고 조절되는데, 여기에서 만들어진 생산물들이 분배되어 간단한 분자의 초기 모델로 작용하는 것이 중요하다. 우선 생산물들 사이에 만들어진 경계는 분명하지 않지만 인자들이 계속 확산되어 전사에 서로 영향을 주면서 상황은 빠르게 달라진다. 여기에서 유전자 조절 부위에 동시에 결합할 수 있는 여러 인자들의 조합 형태와 농도가 영향을 준다. 전사인자는 단백질 합성을 위해 스스로 전사체(transcripton)를 자주 활성화시키기도 하는데, 이렇게 함으로써 초기 상태보다 경계가 분명해진다. 가정하여 일어날 수 있는 예가 그림 30에 묘사되어 있다.

### 시간에 따른 변화

갭 유전자로부터 발현되는 첫 번째 접합체 초기 모델(premodel)(그림 30 가운데)은, 모성영향 초기 모델(premodel)보다는 훨씬 정교하지만 배아 모델과 비교하면 부족한 부분이 많다. 특히 반복적으로 존재하는 단위들의 위치와 시간에 따라 변화하는 체절들의 형태가 특징적이다. 몸체에서는 위치에 따라 농도가 다르게 분포되어 있는 갭 유전자 단백질은 쌍지배 유전자의 발현을 활성화시키면서 조절한다. 쌍지배 유전자가 갭 유전자에 의해 활성화되면서 초기 모델이 되는 과정에서는 체절 모델 형태를 만들면서 전사된다. 쌍지배 유전자는 규칙적으로 7개의 줄무늬 형태가 나타나고 이 유전자들에 의해 체절 극성 유전자의 발현이 촉진되어 배의 체절 구조가 완성된다. 여기에서 줄무늬 형태 하나는 두 개의 체절이 되는데 표현형에서 두 번째 체절이 나타날 때마다 손실된다. 이렇게 하여 밴드가 이븐 스킵트 변이주(even-skipped mutant, 그림 25)

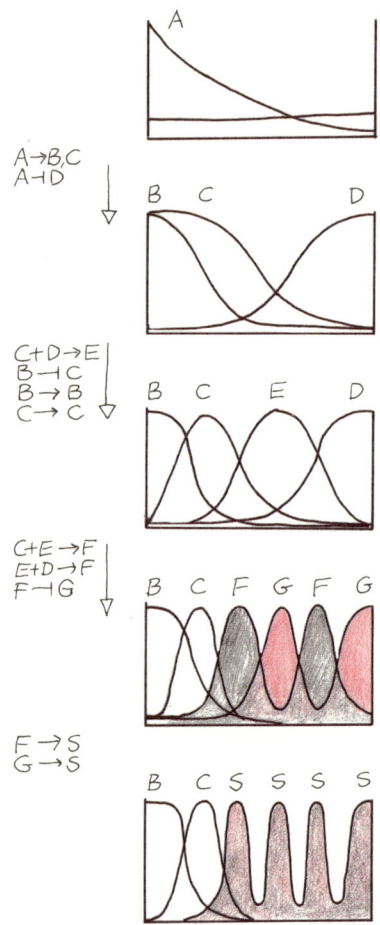

**그림 30 분자 초기 모델의 생성.** 갭 유전자와 쌍지배 유전자는 전사인자들이다. 초파리 배아 초기에 퍼지면서 다른 유전자의 전사에 영향을 준다. 따라서 여기에서는 분자 모델보다 모양이 점점 복잡해지고 일정 기간마다 체절 구성으로 연계되는 모델이 결정된다. 여기에서(매우 단순화시킨 내용으로서) 이러한 초기 모델의 생성 과정을 가정할 수 있다. 각 단계별 모델의 변화는 여러 인자들의 조합으로 이루어지고, 활성화 과정과 억제 과정이 세포핵에서 동시에 작용한다.

에서는 짝수 번째 체절에서 사라지고, 푸시 타라주 변이주(fushi-tarazu mutant)에서는 홀수 번째에서 사라지게 된다.

7개의 밴드는 물결같이 반복되는 분자프로세스에서 만들어지지 않고 놀랍게도 서로 독립적이며 다른 방법으로 만들어진다. 잠시 형성되었다가 다음 단계로 넘어가는 임시 모델은 작은 조각들이 모여서 만들어진다. 각 밴드의 위치는 갭 유전자들의 여러 가지 조합을 통해 결정된다. 그림 30에서 예시 하나를 가정하면 F는 D와 E보다는 C와 E의 조합으로 결정되었다. 7개 밴드가 한 번 만들어지면 이들 사이에 다음 7개의 밴드가 만들어지고 이븐 스킵트는 푸시 타라주를 억제하여 이븐 스킵트 밴드에서만 만들어지게 한다. 기간별로 만들어지는 모델의 원칙은 그림 30에서 4개의 밴드로 묘사하였다.

이븐 스킵트, 푸시 타라주 유전자들로부터 각각 7개의 밴드들이 만들어지고 다음 단계에서는 14 밴드들이 생성되는데, 이 단계를 인그레일드(engrailed)라 하고 이들은 푸시 타라주와 이븐 스킵트 유전자에 의해 활성화된다. 이때 배반엽의 핵 사이에는 이미 세포막이 만들어진 상태가 된다. 인그레일드와 헤지호그(그림 25)는 체절 극성 유전자 그룹에 속하고 여기에서 14개 밴드로 전사된다. 인그레일드에서 생성되는 세포들은 각 체절들의 뒷부분으로 된다 (그림 31).

### 선택 유전자

초기 모델이 세분화되면서 난자가 분열되어 체절 단위(segmental subunit)로 되기는 하지만, 이 세포들이 어떤 구조로 변화될지는 아

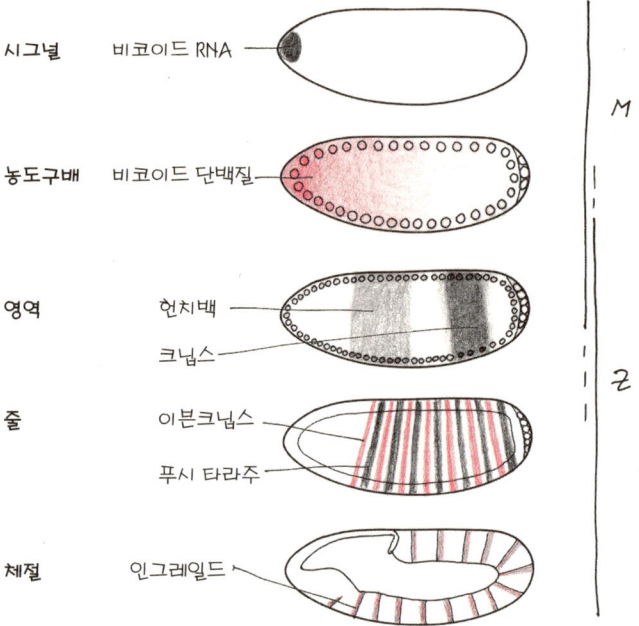

**그림 31 분자 초기 모델.** 주어진 유전자의 단백질이나 RNA 합성물들이다. 실제로 이러한 초기 모델들은 각 단계마다 훨씬 많아지고 다양해지며, 각 단계는 새로운 색을 띠고 있다. M=모성유래, Z=접합.

직 분명하지 않다. 공간 배열과 관계없이 다른 유전자 그룹들은 세포가 변화하도록 유도한다. 어떤 유전자는 어떤 구조로 변화할지 예측 가능한데, 이러한 유전자를 선택 유전자(selector gene)라 한다. 이들은 일반적으로 전사인자를 코딩하고 다음에 오는 유전자들의 활성화에 작용한다. 인그래일드는 그러한 것의 좋은 예가 되는데 이것은 각 체절에서 뒷부분을 만든다. 다른 선택 유전자들은 각 기관에서 세포 분화에 관여한다. 예를 들면 눈에는 유전자 아이리스(eyeless), 근육의 경우에는 트위스트(twist), 심장에는 틴만(tinma) 등이 있고, 아이리스 단백질을 생성하는 세포들은 눈으로 발전하는데 실험이 잘못되면 틀린 위치에서 눈이 만들어지기도 한다. 유전자 트위스트는 중배엽의 모든 세포를 결정하는데 이들은 나중에 근육세포를 만들게 된다. 이러한 세포들에서 유전자 틴만이 활성화되고 세포들은 심장 근육을 생성하게 된다.

초파리의 유전자 그룹은 이미 1930년대에 에드워드 루이스(Edward Lewis)에 의해 발견되었다. 체절이 만들어지는 과정이 완료되면 소위 호메오틱 유전자(항상성 유전자, homeotic gene)로 알려져 있는 유전자에 의해서 체절로부터 초파리의 몸이 형성된다. 초파리의 각 몸체 구조가 이 호메오틱 유전자에 의해 결정되므로 이 유전자들에서 변이가 일어나면 매우 특이한 표현형이 되는데, 이를 호메오틱 돌연변이라 한다. 예를 들면 안테나페디아 유전자(Antennapedia gene)는 두 번째 가슴 체절을 결정하는데 이 유전자에 돌연변이가 일어나면 머리에 촉각 대신 발이 만들어진다던가 흉부 체절의 다리가 있어야 할 곳에 촉각이 생성된다. 일부 유전자가 결손되면 추가로 날개가 만들어지기도 한다. 이렇게 돌연변이가 발생하는 경우 죽음에 이르는 경우가 많다. 원래 체절에서 만들어져야 되는 기관이 다른 체절에서 나타나기도 하는 이러한 현상은 애벌레에서도 발견할 수 있다. 초파리에는 이러한 유전자가 모두 8개 있는데 이들은 두 개의 유전자 단위(gene complex)로 안테나페디아 콤플렉스(Antennapedia complex)와 비토락스 콤플렉스(bithorax complex)들이다. 이 유전자들의 순서에 따라서 초파리 몸체의 앞에서 뒤로 생성된다. 이들의 생성물은 서로 조합을 이루고 있는데 앞에서는 단 한 개가 조합을 이루고 두 개의 유전자는 활성을 띠며 초파리 몸체 뒷부분으로 갈수록 더 많은 유전자들이 관여하게 된다. 이 유전자들은 초파리 몸체의 앞에서부터 뒤의 순서로 각 체절의 특징을 결정한다.

이러한 유전자들은 호메오 도메인으로 전사인자를 코딩한다. 호메오 도메인을 만들기 위해 코딩하는 DNA를 호메오박스(homeobox)라 한다. 이러한 유전자 중 하나인 혹스 유전자(hox gene)를 통해 여러 가지 흥미로운 사실들을 발견하였다. 혹스 유전자를 활성화시키거나 억제하는 역할이 발생 초기에 체절 유전자(특히, gap gene)들의 역할이 바뀌면서 결정된다. 갭 유전자들은 필요한 경우에만 활성이 나타나지만, 혹스 유전자는 항상 활성이 있다. 세포 분열 과정에서 세포 분열이 시작될 때 세포의 여러 가지 매커니즘이 있다.

혹스 유전자 그룹은 변형된 형태이지만 지금까지 연구된 모든 다세포 동물은 물론 벌레 종류에서도 발견되었다. 척추동물에는 13가지 혹스 유전자가 있고, 이 유전자들은 유전체에서 네 번 등장하게 되는데 서로 연결된 구조로 존재한다. 생물체 유전자의 염색체상에서 정해진 위치에서 생성물들이 합성된다. 혹스 유전자의 이러한 예를 참고하여 1980년대에는 생물체 간의 혈연관계를 발견하였다.

## ③ 유도와 시그널 전달

세포벽이 생성되면 이제 전사인자는 간단하게 확산될 수 없게 된다. 세포에서 분비되는 물질들은 이웃하는 세포의 세포벽에 있는 특정 인식 단백질들을 거쳐 인식되고 연결된다. 이것은 세포 안에서 시그널을 주고 이 시그널은 전사인자의 활성이나 억제에 관여하게 되고 결국 유전자활성의 변화로 유도하는데, 이러한 과정을 유도 과정이라 한다. 시그널은 직접 이웃한 세포에 전달되거나 거리를 두고 떨어져 있는 곳까지도 전달된다. 세포의 모델을 만들 때 이웃하고 있는 세포 간의 교환 작용에 의해 발생되어 시그널은 전달된다.

발생 과정에서는 두 개의 세포층이 나란히 있는 상태에서 시그널 분자를 보내면, 다른 세포가 이 시그널을 받아들여서 새로운 상태를 유도한다. 다른 경우 시그널 분자들은 세포층 내에서 중심으로부터 바깥 방향으로 확산된다. 여기에서 농도구배가 형성되고 형태인자로서 농도에 따라 세포의 길이 결정된다(그림 32). 같은 세포에 많은 시그널이 도착하면 경쟁 관계가 발생하기도 하고, 서로 협력하여 조화를 이루기도 한다.

가장 단순한 경우, 시그널 분자들은 세포막 안으로 들어와서 직접 전사인자를 연결하고 활성화시킨다. 이러한 반응에 작용하는 시그널 분자는 호르몬의 경우 대게 지방 성분과 비슷하거나 지방에 잘 녹는 성분이지만, 대부분의 시그널 분자들은 단백질이며 이 단백질들은 분자량이 커서 세포막을 통과하기 어렵다. 이 단백

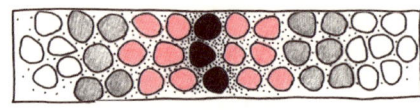
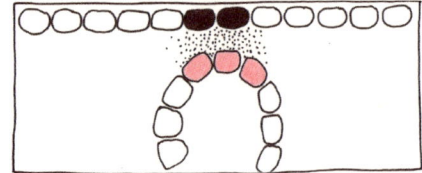

**그림 32 유도.** 형태인자 농도구배(morphogentic gradient)는 세포 그룹에서 형태인자흑색 세포로 표시)가 만들고 세포 밖으로 내보내면서 형성된다. 세포 외 공간에서는 확산되어 이웃한 세포들을 밖에서 농도에 따라 다르게 영향을 준다(위). 반응의 정도에 따라서 여러 경계가 형성되고 세포 밖으로 내보내진 형태인자 옆에 있는 세포들 바깥 부분에 도착하여 유도한다(아래). 여기에서 묘사한 방법으로 형태인자 Dpp는 초파리와 포유동물의 많은 조직에서 같은 방법으로 작용한다.

질들은 인식 단백질과 리간드(ligand)를 만들어서 세포막에 붙는다. 이러한 인식 단백질들은 세포막을 통해 안으로 들어가서 리간드 생성으로 만들어진 정보를 세포핵으로 계속 전달하는데, 이러한 과정을 시그널 전달(그림 33)이라 한다.

시그널이 세포핵으로 전달되는 과정에는 여러 가지 단백질이 관여한다. 이 단백질들은 활성이거나 비활성의 상태로 존재하는데 일반적으로 분자 구조가 변화함으로써 활성화된다. 인식 단백질에 결합된 리간드는 단백질의 활성화 과정에 작용하고, 두 개의 인식 분자(receptor molecule)들을 연결·복합하여 이분자(dimerization)를 만든다. 또한 인식 단백질을 구성하고 있는 특정 아미노산에 인산기를 전달하고 세포 안으로 밀어 넣기도 하는데, 이 과정에서 인산화된 아미노산에 단백질이 결합·활성화된다. 이렇게 인산기를

**그림 33 시그널 전달.** 형태인자 같은 시그널은 세포막 안에 있는 인식단백질과 결합하여 활성화되고(적색) 계속해서 다른 단백질을 활성화시킨다. 마지막 단계에서는 전사인자를 활성화시켜서 핵 안에 있는 한 개나 여러 유전자의 전사과정에 영향을 준다. 이 시그널 전달 과정에서 여러 요소 중 한 가지라도 빠지게 되면, 예를 들어 인식단백질이나 세포내 다른 인자 등에 문제가 생기면 전체 경로는 중단된다. 따라서 이러한 시그널 전달을 구성하는 요소들에게서 변이가 발생하면 델타와 노치, 헤지호그, 윙리스 같은 표현형이 생성된다(그림 35).

전달하는 단백질 및 효소들을 키나제(kinase)라 한다. 시그널은 결국 세포핵에서 유전자를 활성화시키거나 억제하는 전사인자에 도달하게 된다. 이러한 시그널 전달 체인이 항상 활성화에만 작용하는 것은 아니고 억제하는 방향으로 반응을 진행시키는 경우도 많다. 시그널에서 전사인자로 가는 과정에서는 가능한 한 짧은 직선거리를 사용하지만, 상황에 따라 유연하게 적용되므로 각 단계마다 과정이 나누어지거나 변형되기도 한다. 시그널 전달 체인에는 항상 많은 변수가 있어서 유연하게 적용된다.

이러한 시그널 전달 체인들은 일부만이 한 생물체에서 여러 단계에서 반복하여 사용되는데, 이것은 보다 다양한 반응을 유도하기 위한 것이다. 예를 들면 조직 생성을 유도하고 모델을 만들기도 하며 성장을 촉진시키기도 한다. 시그널 분자(배부화 유전자, dorsalizing genes)에는 드카펜타프레직(decapentaplegic), 델타(delta), 윙리스(wingless)와 헤지호그(hedgehog) 등이 있다. 이러한 시그널 분자는 낭배형성 초기에 활성을 가지고 있고, 나중에는 내부기관, 감각기관과 성충판에서 모델을 만든다. 시그널 전달 체인은 시그널 분자 농도와 구성 분자 종류, 세포핵에 전달하는 방식에 따라 달라지는데, 생물체에서는 다양성과 빈도 크기로 나타난다.

　이러한 시그널 체인의 많은 요소들은 초파리의 경우 같거나 비슷한 표현형과 함께 유전자 그룹을 통해 발견되었다. 가장 흥미로운 발견 중의 하나는 유전자 연구를 통해서 시그널 체인이 동물계에서는 포유류나 초파리, 절지동물(새우, 게, 거미, 지네 등)에서도 같은 기능을 가지고 있을 정도로 보존었다는 것이다. 한 가지 예를 들면 모성유래 배복 그룹(maternal dorsal-ventral group)은 톨을 수용체로, 배부를 전사인자로 사용한다. 이러한 경우 열 개 이상의 유전자들이 같은 표현형에 관여하고 여기에서 만들어진 단백질들은 톨을 활성화시키는 시그널로 작용하거나 배부 내부로 계속 전진하게 된다. 톨을 수용체로 사용하는 시그널 과정이, 포유류나 파리에서 병원균을 방어할 때에도 같은 형태로 작용한다는 것은 매우 흥미로운 일이다. 초파리 발생 과정에서 시그널 Dpp, 윙리스, 헤지호그, 델타는 확산되어 다양한 형태를 만드는 과정에서 매우 중요한 역할을 한다. 포유류에서는 약간 다른 이름들이 사용되는데, 윙리스의 경우에는 윈트(wint), 헤지호그는 소닉 헤지호그(sonic hedgehog)로 되었다. 같은 단백질들이 부분적으로 다르게 구성되어 있는 것으로 알려져 있는데 암유전자인 인트(int)는 윙리스와 비슷하다. 그 외에도 여러 가지 단백질이 포유동물의 성장인자들이거나 리셉터로 발견되었는데, 초파리에서는 발생유전자로 생산된 생산물과 같은 것으로 판명되기도 하였다.

### 3가지 예 : 드카펜타프레직

Dpp는 드카펜타프레직(decapentaplegic)의 줄임말이며 '15가지 잘못된 형태'를 의미한다. 이 이름은 애벌레와 초파리의 구조가 정도에 따라 변이된 표현형이란 것을 의미한다. Dpp 유전자는 성장인자에 속하는 매우 중요하고 다양한 종류의 단백질을 암호화하는데 이 단백질이 세포학과 암 연구 분야에서는 TGF(전환성장인자, transforming growth factor)와 BMP(골격 형태인자 단백질, bone morphogenetic protein)라 한다. Dpp 단백질이 초파리 배아에서는 등 부분에서 생성되고 세포 밖 배 부분으로 확산된다(그림 29). 계속해서 Dpp는 작은 낭배형성 단백질(short gastrulation protein)에 의해 배 부분에서 억제되고 이때부터 등 부분에서 농도가 가장 높은 Dpp 단백질 농도구배(Dpp protein gradient)가 형성되는데, 이것은 애벌레의 등 모델을 만드는 것에 작용한다. 중배엽에 찌그러지면서 Dpp 단백질은 안으로 시그널을 보내고 중배엽 세포에 이웃한 등 부분 표피에 작용하여 심장 기관의 발생 과정에 작용한다. 주변 면에서 Dpp는 후에 중요한 형태인자로 작용한다. 형태인자와 유도체(inductor)로서의 기능은 그림 32에 묘사하였다.

### 델타와 노치

이 시스템에서 세포는 이웃하고 있는 세포에게 시그널을 보낸다. 시그널 분자 델타(Delta)는 확산에 의해 퍼지지 않고 수용체인 노치(notch)같이 세포막에 걸려있다. 이 두 개의 세포는 말하자면 서로 접촉하게 된다. 두 개의 세포는 델타와 노치를 표면에 가지고 있고 노치가 활성화되면 이 세포에서는 적은 양의 델타가 생성된다. 따라서 약한 시그널이 돌아오고 이웃한 세포에는 더 많은 델타가 형성된다. 이러한 커플링 작용으로 초기에는 세포에서 델타가 골고루 만들어지고 이웃한 세포에는 억제된다(그림 34). 신경 시스템이 형성되는 과정 초기에는 특정 모델에서 감각세포나 신경세포(neuroblast)가 생성된다. 이들은 많은 델타를 형성하고 노치는 표피 세포를 형성한다.

### 헤지호그와 윙리스

체절에서 길이로 분열되는 동안 임시로 존재하며 첫 번째 체절 모델이 등장할 때까지 불안정한 초기 모델이 만들어진다. 쌍지배 유전자는 전사인자인 인그레일드를 14개의 줄 형태가 되면시 활성화시키는데 한 줄은 한 개의 세포 직경과 같다. 이때 세포 간 시그널이 전달되어야 하므로 세포막이 생성된다. 여기에 체절 극성 유전자로서 매우 비슷한 표현형에서 발견되었던 유전자들이 관여하게 되는데 헤지호그, 윙리스와 Ci 등이다. 헤지호그와 윙리스로부터 만들어진 단백질들은 세포로부터 분리된다. 헤지호그 단백질의 합성 과정은 인그레일드에 의해 활성화되는데, 인그레일드

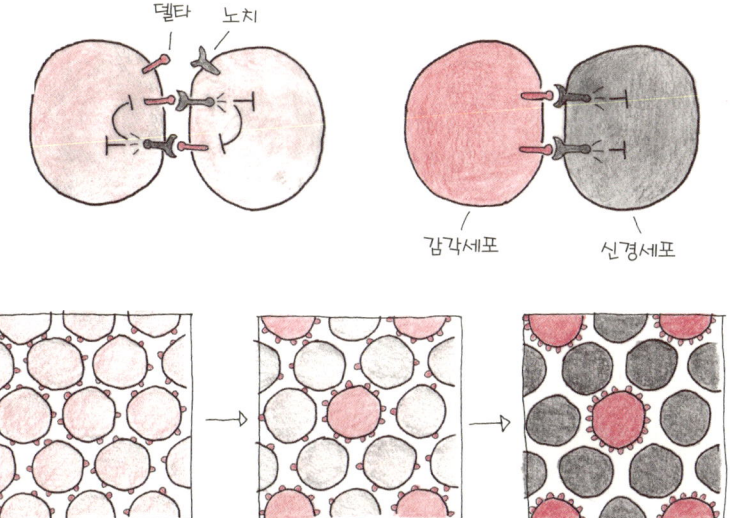

**그림 34 델타-노치.** 이 경우에는 리셉터와 리간드도 세포막에 걸려있다. 리셉터 노치(receptor notch)의 활성화는 리간드인 델타를 억제하게 된다. 세포 사이에 이는 막에서 노치와 델타가 분산되어 있으면(아래, 델타만 묘사하였다) 초기에는 약하지만 강화되고, 이웃한 세포들이 모두 노치 또는 델타로 뒤덮이게 된다. 이렇게 해서 'salt and pepper' 모델이 탄생되었고 세포층에서는 세포 하나하나가 표시될 수 있는데 신경세포 또는 감각세포가 그것이다.

는 확산되어 전달되면 세포로 흡수된다. 이것은 그 후 전사인자 Ci를 만들고, 이것은 다시 윙리스 단백질 합성을 자극한다. 윙리스는 다시 인그레일드 합성을 촉진시킨다. 이러한 교환작용(상호작용)은 긍정적인 반응 고리를 형성하고, 이어서 Ci 합성과 인그레일드 합성은 두 개의 이웃한 세포에서 이루어진다. 이러한 기능은 안정적이며 성체 파리가 될 때까지 지속된다(그림 35).

이미 언급되었듯이 체절 기관 안에서 일어나는 발생 과정 초기에, 따로 분리된 세포 그룹으로부터 파리의 다리와 날개가 형성되고 성충이 형성된다. 이러한 세포 그룹은 인그레일드와 Ci에서 형

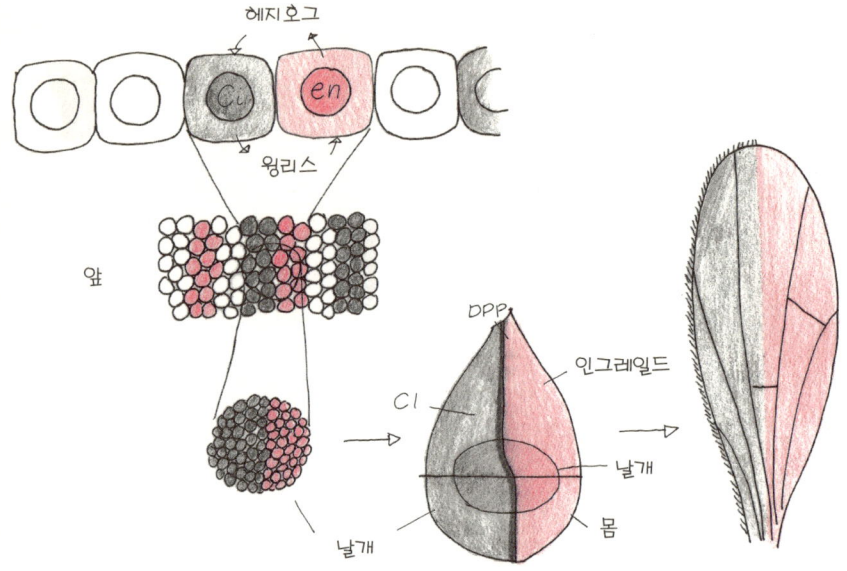

**그림 35 윙리스-헤지호그.** 체절구성 과정에서 이웃하는 세포들 간에는 세포에서 분리되는 윙리스와 헤지호그 단백질이 시그널로써 전달된다. 이때 서로 강하게 하는 효과가 있다. 이들은 안정된 이웃 관계를 유지하고 이것은 전사인자 Ci와 인그레일드로서 유지되고 원래는, 쌍지배 유전자를 통해서 분산되고 결정된다. 세포에 있는 두 부분에서 성충판이 형성되고 성장하면서 이 상태는 안정적으로 유지된다. 날개 부분은 Ci와 인그레일드의 초기 모델을 보여주게 된다. 중심에서는 날개가 생성되고 Ci와 인그레일드 부분은 날개의 앞면과 뒷면을 각각 만든다. Ci-인그레일드 경계와 수직으로 분열되고 날개 면은 윗면과 아랫면으로 나누어진다.

성된다. 세포들은 계속 분열되어 성충판(성충원기)을 형성하는데 애벌레의 표피 세포들은 더 이상 분열하지 않고 크기만 커진다(그림 21). 유전적으로 성충판, Ci와 윙리스의 앞부분에 세포들이 생성되고 뒷부분에는 인그레일드와 헤지호그가 형성된다(그림 35).

여러 유전자와 단백질들의 협조와 시그널 전달로 배는 더 작은 부분으로 분열되고, 이들 세분화된 세포 부분들은 세포 그룹으로 분화되어 미래의 운명이 결정되는데 이때 선택 유전자가 작용한다. 이러한 프로세스의 원리는 상당한 부분이 연구되었음에도 불구하고 아직도 많은 부분이 밝혀져야 한다. 특히 배아에서 일어나는 후반부 변화에 대한 연구가 매우 어려운데 그 이유로는 배아 발생에서 우선 많은 요인들이 초기부터 이미 활성화되어 변이주들은 죽게 되기 때문이다. 최근 초파리를 이용하여 세련되고 다양한 유전공학기술이 개발되었는데, 이러한 기술을 사용하면 후기 표현형에 영향을 주는 초기 유전자를 찾는 연구가 가능할 것이다.

유전자들의 조성 구조와 조합에 따라 달라지는 세포의 운명에 대해서는 아직 완전히 알려지지는 않고 있다. 세포가 분화되기 시작하면 어떤 유전자가 활성화되는 것일까? 이들 유전자들은 어떻게 날개의 앞면과 뒷면이 달라지도록 하거나 어떤 모양이 형성되도록 하는 것을 유도하는 것일까? 어떻게 다른 세포들이 만들어지는지 이해하려면 그런 모양이 형성되는 과정을 관찰하는 것은 필수적이다.

# VI 형태와 변형

발생 과정에서 유전자 활성이 변화하면 세포의 모양은 지속적으로 변화하게 된다. 여기에서 세포의 종류나 세포 주변 환경과 어떤 전사인자들이 있고 이것으로 어떤 유전자들이 관여하여 어떤 단백질들이 합성되는지 결정된다.

배아에 있는 모든 세포들은 그 나름대로 이야기를 전개하게 되는데, 우선 모세포로부터 분열되고 이웃하는 세포들과 밀착되어 살아가게 된다. 이러한 분자 초기 모델에 대한 답으로 세포들은 스스로의 모양을 변화시키고 세포 조직으로부터 떨어져 나오거나 또는 더 밀착하여 성장·분열하기도 하고 죽기도 한다. 세포 조직에서 모든 세포들은 세포막에 붙어 있는 수없이 많은 인자들을 조정하는데, 이들이 마치 무게 중심을 유지하듯 평형을 이루게 하여 세포를 안정화시킨다. 각 요소들의 농도가 아주 조금만 변하여도 분명히 다른 효과가 나타나게 된다.

낭배형성 과정에서는 세포의 모양이 달라지고 움직이게 되는데, 이것은 이미 초기 발생 과정에서 결정되어 배아세포의 모양이 된다. 동일한 세포층이나 세포 덩어리에서 여러 개의 세포층과 연장된 구조를 형성할 수 있다. 나중에는 낭배형성 과정에도 영향을 주는 모양 형성 매커니즘은 여러 가지 조직과 장기가 만들어지는 과정에서도 반복하여 적용된다. 프로세스의 형태나 분자의 종류는 몇 가지로 한정되어 있는데, 단순한 곰팡이에서 복잡한 구조의 다세포 동물까지 많은 양이 보전되고 비슷한 형태로 존재한다.

## ❶ 세포와 세포 조직

배세포들은 대부분 세포 조직이라고 하는 세포 집합체 안에 있으며, 이들은 균일하게 배열되어 있는 상피층(epithelium)이나 약간 불규칙적으로 모여 있는 간충직세포(mesenchyme cell)다. 세포 조직은 바깥쪽이 세포외기질(extracellular matrix)로 덮여있는 젤타입이지만 섬유질과 같은 물질 안에 있다(그림 36).

세포 형태는 세포 안에 있는 세포질 골격과 이웃 세포와의 연결과 외부에 있는 세포외기질 등으로 정해지는데, 모양은 구조에

**그림 36 세포 조직.** 상피세포는 내외로 치밀한 세포 조직으로 구성되어 있으며, 안쪽에는 세포외 기본막으로 보호되어 있다. 간충직세포는 부드러운 조직으로 바깥쪽은 세포외기질로 덮여 있으며 외부로 연결되는 통로도 있다.

영향을 주는 많은 종류의 특정 단백질에 의해 결정된다. 이러한 많은 종류의 단백질들은 대부분 한 가지 또는 단 몇 가지로 구성된 폴리머들이다. 이 폴리머들은 긴 체인 형태로 되어 있고 덩어리로 뭉쳐져 있는 경우가 많다. 또한 이들은 비슷하거나 다른 구조 단백질과 연결되어서 그들만의 기능을 수행하게 하고 세포 조직에 있는 세포들의 모양과 균형을 유지하는 데에도 중요한 역할을 한다.

### 세포 골격

세포 골격은 단백질 섬유로 구성되어 있는데 이들은 유연하여 세포가 늘어나도 탄력을 유지한다. 미세섬유(microfilament)들은 공 모양으로 생긴 액틴이 체인처럼 연결되어 있다. 이들은 섬세한 섬유를 만들고 섬유들은 실타래같이 뭉쳐져서 세포막 아래에 질서 정연하게 자리 잡게 된다. 이러한 표피층(cortex)은 세포막을 단단하게 한다. 액틴 체인은 빠르게 짧아진다거나 길어질 수 있으므로 액틴 분자 끝이 풀어지면 새롭게 합성된 액틴 분자들이 쉽게 추가되어 연결된다. 액틴 섬유 미오신(myosin)과 같이 뭉쳐져 서로 밀어내면서 세포 안에서 미니근육같이 작용한다. 세포 분열 과정이나 세포의 모양이 변화하는 과정에서 이러한 미세섬유는 세포 상태에 따라 짧아진다. 세포가 일정한 방향으로 움직이면 미세섬유는 지속적으로 변하게 된다(그림 37).

튜불린 분자(tubuline molecule)들의 체인이 모여서 스프링 모양의 긴 섬유가 된 미세소관(microtubule)은, 가운데가 비어 있는 원통형으로 되어 있다. 미세소관 중심부를 중심체(centrosome)라 하는

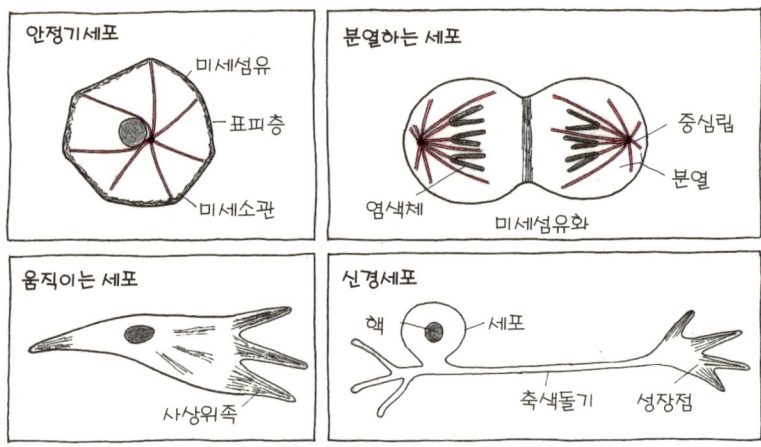

**그림 37 세포질 골격.** 미세소관은 중심체부터 시작하여 세포 형태를 반듯하게 하고, 체세포 분열 시 방추사섬유로서 염색체를 딸세포로 전달한다. 미세섬유는 액틴섬유들이 모여 타래를 이루고 있고 이들은 표피층을 채워서 세포가 움직이거나 세포의 모양이 변하는 것을 가능하게 한다. 이들은 감수 분열 후 동그란 모양으로 딸세포를 나누고 사상위족(filopodien)에서 움직이는 세포를 전진시키거나 신경 세포에서 성장을 유도한다.

데 이곳에서 시작되어 길게 되거나 짧아지기도 하며 끝부분에서 새로운 튜불린 분자가 생성되거나 없어지기도 한다. 이것을 소위 plus-end라 하며 특정 단백질들이 미세섬유와 함께 표피층에 자리 잡고 있다. 이러한 튜불린 세포 골격으로 세포는 반듯한 모양을 유지할 수 있다. 또한 미세소관이 지닌 중요한 기능으로서 세포가 분열할 때 딸세포 방향으로 염색체를 끌어당기는 섬유를 만드는 것이 있다. 이러한 미세소관은 중심체로부터 방추사(spindle fiber)를 만들고 모든 방향으로 퍼져 나간다. 이들은 일정한 위치에서 염색체와 연결된다(그림 37). 다음으로 세포 안에서 많은 물질 분자들이 미세소관을 전달 통로로 삼아 분배되기도 하고 자리 잡기도 한다.

이동을 주관하는 동력 단백질(engine protein)은 일정하게 중심 방향으로 전달수단(전달매개체)을 연결시킨다. 미세소관의 세포질 골격은 세포가 극성화할 때 또한 매우 중요하다. 예를 들면, 비코이드 유전자의 RNA는 미세소관에 의해 전달된다.

미세섬유와 미세소관 외에 다른 섬유 조직들이 있는데, 이들은 특정 세포에만 존재하며 특수한 기능을 가지고 있다. 타래, 길이, 네트, 세포질 골격을 이루고 있는 섬유질의 안정성 등은, 여러 가지 단백질들에 의해 조절되고 변화되어 세포 모양이 다양하게 변화할 수 있도록 한다.

### 세포흡착

주로 막단백질들이 세포들 간에 연결하여 세포들을 모이게 한다. 캐더린(cadherine)은 막을 통해 움직이는 막단백질로 외부 구조를 가지고 있고, 서로 인식·연결하여 같은 타입의 세포들을 한 곳에 모으는데, 이러한 연결은 칼슘이온에 의해 조절된다. 세포막을 거쳐 단백질 분자가 세포 안으로 들어가면 표피층의 액틴세포질 골격에서 멈추고 자리 잡게 된다. 여러 종류의 캐더린이 있는데 이들은 세포 타입에 따라 다르다. 대부분 이들은 비슷한 종류에만 연결되지만 다른 막단백질에 연결되는 경우도 있다. 다른 종류의 막단백질들은 세포막에 특이하게 작용하는 연결고리만을 가지고 있고 칼슘이온농도와는 무관하게 작용하지만, 다른 단백질들도 일반 단백질과 비슷하게 작용한다. 같은 종류의 세포들은 세포들 간에 일어나는 흡착 기능으로 안정되어 있으며 여기에서 떨어져 나

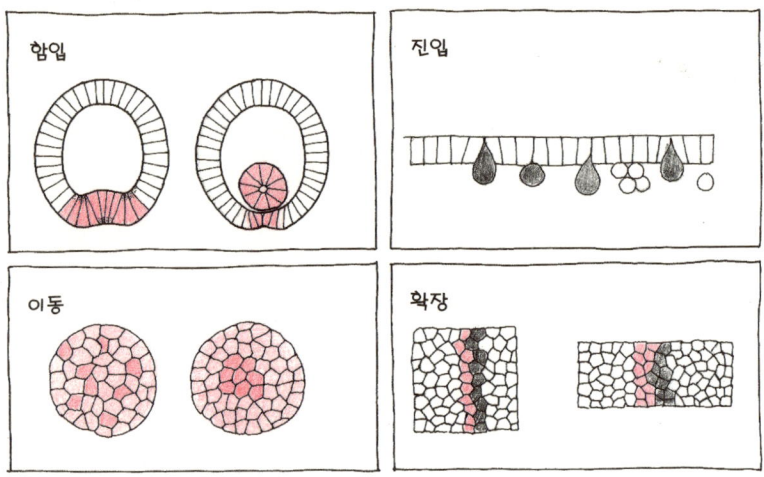

**그림 38 조직 형태의 변형.** 함입 과정은 미세섬유들이 서로 끌어당기면서 일어나고 예를 들면 초파리의 중배엽 생성 과정이나 포유류의 신경배형성(neurulation) 과정(그림 50)에서 볼 수 있다. 초파리 배아에서 형성되는 신경제세포(neural crest cell)나 닭의 중배엽(그림 46)같이, 각 세포들이 들어가는 과정으로 세포들 간에 흡착이 일어나면서 정리된다. 세포 표면에 캐더린이 더 많이 있는 세포들은 안으로 들어간다. 세포층이 늘어나면서 이웃하고 있는 세포들과 안정된 관계를 유지하게 되지만, 개구리의 낭배형성 과정이나 초파리 배아에서의 핵 생성 과정은 서로 미끄러져 밀려나게 된다.

온 세포들은 빠른 시간 내에 다시 세포들이 모여 있는 곳으로 흡착된다. 같은 타입의 세포들은 이러한 흡착 분자의 농도에 따라 밀도를 달리하여 모이기 때문에, 중심에서 먼 곳에는 느슨하게 결합되어 있는 세포들로 쌓이게 된다(그림 38).

### 세포외기질

세포들 사이를 채우고 있는 물질을 세포외기질(extracellular matrix)라 하고 이들 중 일부는 여러 가지 구조단백질로 되어 있다. 대부분 당을 가지고 있는 당단백질로 되어 있는데 화학적 성질로서 젤의 상태를 유지하는 원인을 제공한다. 이때 젤의 강도는 다양하다. 여기에 자주 등장하는 단백질로서 콜라겐이 있다. 피브로 액틴(fibro actin), 라미닌(lamine) 등은 구조도 매우 복잡하고 서로 작용하여 여러 가지 기능을 수행하는 경우가 많은데 상피세포 (epithelial cell)의 세포막(basal membrane)에 많이 있다. 이들은 세포외기질에서 세포 운동에 관여하는데 이는 필수적이다. 막단백질을 통해서 세포를 연결해 주는 인테그린(integrine)이라는 물질이 있는데 세포외기질에 있는 피브로 액틴에 붙어 있다.

## ❷ 운동 형태

모습을 만들어가는 과정은 상피세포에서 주름이 잡히고 쪼그라들면서 다양하게 이루어진다. 상피세포 조직으로부터 물렁한 세포체인 간충직세포들이 여러 방향으로 생성된다. 세포들이 움직이기 때문에 세포들이 밀려나게 되고 세포체 안에서는 새로운 질서가 형성된다. 많은 장기들은 상피세포로(여러 층으로 되어 있는 경우가 많다) 구성되어 있는데, 예를 들면 창자, 피부, 동맥이나 호흡기관 등이다. 다른 기관들은 간충직으로 되어 있는데 근육과 혈액들이 있다. 세포질 골격의 역동적으로 작용하여 세포의 형태가 변하게 되고 이것은 세포 그룹들을 움직여 모양을 만든다. 유도 과정은 세포흡착물질들의 구성이나 작용순서를 바꿀 수 있고 부분적인 세포 분열과 세포 성장을 유도할 수 있다.

### 함입

초파리에서는 낭배형성 과정에서 넓은 세포체들이 쪼그라들거나 함입(invagination)되어 중배엽으로 발전한다. 이 세포들은 미세섬유링과 바깥쪽 방향으로 모이게 된다. 따라서 배아에서 세포층의 함입이 일어난다(그림 38). 함입된 곳에 있는 세포들은 밖에 있는 세포들보다 영향을 덜 받는다. 이들은 세포체를 부드럽게 하고 외배엽의 내부에서 펼쳐지게 된다. 함입은 기관이 생성될 때 포유류에서 신경통로(그림 43), 내분비기관과 감각기관을 만드는 것과 같은 역할을 하게 된다. 초파리에서 뒷부분의 창자는 뒤쪽 끝부분의 세포판이 함입되면서 생성되고, 이것은 곧 장의 모양같이 원통형으로 변화하게 된다(그림 20).

### 진입

배아세포 내부로 들어가는 여러 방법 중의 하나는 세포 그룹들이 밀고 들어가는 것을 진입(ingression)이라 한다. 여기에서 각 세포나 세포 그룹들은 상피세포(epithelial cell)조직으로부터 분리되고 안쪽으로 들어가서 옆에 있는 세포와 부드러운 세포체를 형성한다(그림 38). 초파리 배아에서 신경 조직이 생성될 때 이러한 방식으로 이루어진다. 신경세포들의 전구체가 되는 신경판(neural plate)은 이미 설명되었듯이 외배엽의 특정 세포 그룹에서 델타-노치 시그널을 통해 결정된다. 이들은 안쪽으로 밀어 넣어서 여러 차례 세포 분열 후 신경세포와 신경 시스템을 감싸고 있는 배아세포를 만든다. 중간 창자의 앞부분은 배반엽 상피조직(blastoderm epithelium)

세포들이 안쪽으로 밀려들어가서 형성되고 후에는 흩어져 있는 세포들로부터 창자를 이루고 있는 상피세포 조직의 원통형이 만들어진다. 닭과 포유류의 배아세포에서는 세포가 안쪽으로 밀려 들어가면서 여러 층이 만들어진다(그림 46).

낭배형성 과정에서 수없이 많은 세포들이 밀어내고 밀리는 과정에서 서로 상대적인 관계에 있던 세포의 상태가 변화하게 되는데, 초파리에서는 핵에 줄무늬가 생성되는 것으로 나타난다. 이것을 기하학적 관점에서 보면 거의 사각형(배반엽)이던 것이 긴 밴드 형태로 늘어진 모양의 핵 줄무늬(그림 20, 38)로 변화한다. 우선 이 시기에서는 체절들의 경계가 나타나고 복부 신경 시스템을 만드는 세포들은 안쪽으로 모아진다. 이러한 세포의 밀림 현상은 미세섬유를 통해 세포 모양이 바뀌게 된다.

### 세포 이동 현상

신경섬유 같은 세포의 이동은 시그널을 따르게 되는데 이것은 이끌거나 밀어내면서 길을 넓힌다. 시그널은 움직이는 세포의 세포막에 있는 리셉터에 의해 인식된다. 이 경우에 직접적으로 세포의 전사활성도에는 영향을 주지 않고 직접 미세섬유를 움직이게 한다. 이런 방법으로 신경 전달이 이루어지고 이것은 장기에 있는 중앙 신경 시스템으로부터 근육 등에 전달되고 반대로 감각기관으로부터 오는 신경세포들은 뇌를 자극하는 축색돌기(axone)를 보낸다.

신경들이 다 자라면 신경 세포들은 한 곳에 머물러 있게 되는데, 원래의 신경섬유인 축색돌기가 연장된 길이의 세포질을 생성한다. 이것은 미세소관으로 단단해진다. 성장하는 축색돌기 끝에서는 사상위족(filopodien)이 같이 이동할 세포를 찾는다(그림 37).

### ③ 세포의 분열, 성장 그리고 죽음

모든 다세포 생물의 발생에서는 세포 분열이 수없이 많이 일어나는데, 이들은 규칙적이며 질서있게 계속 분열한다. 배아 발생 과정에서 세포 분열은 세포의 생장을 의미하지는 않으며 크기의 성장과도 무관하다. 주변에서 영양분을 공급받지 못하므로 발생 과정은 난자에 있는 물질이 분해되면서 시작된다. 생물체가 충분한 영양분을 공급받으면 애벌레 단계에서 제대로 성장할 수 있다. 난황이 충분히 있는 배아에서만 세포 성장과 연계된 세포 분열이 일어나게 되는데 조류, 파충류, 포유류의 배아에서 관찰되었다. 포유류의 경우에는 영양분이 모체의 자궁에서 탯줄을 통해 지속적으로 공급된다.

분열이 매우 빠르게 일어나는 것은 대부분의 동물이 초기 발생 과정에서 보이는 현상이다. 나중에는 세포 분열이 밖에 있는 소위 성장인자의 시그널을 통해 시작된다. 거의 대부분 세포에서 일어나는 세포 분열이 최종적인 세포 분화를 의미하지는 않는다. 세포 분열이 분화되기 전에 멈추게 되고, 이렇게 한 번 세포 분열이 멈추게 되면 다시 시작되는 일은 거의 없다.

### 세포 분열

세포 분열 과정은 염색체 수의 두 배 증가와 DNA의 자가복제로 시작한다. 우선 이 작업이 완성되면 체세포 분열로 연결되는데 딸염색체나 염색분체(chromatid)가 새롭게 만들어진 핵에 나뉘어진다. 염색체는 압축되고 염색분체는 분열 스핀을 통해 서로 반대 방향으로 이동하게 된다. 다음 두 개의 새로운 핵들 사이에는 미세섬유에 의해 실 같은 것이 만들어지고 이 실이 모아지면서 딸세포가 분리된다.

세포 분열 과정은 정확하고 세밀하게 조절된다. 우선 DNA 자가복제가 일어나야 하고 여기에서 특정 단백질, 사이클린(cycline)이 작용한다. 사이클린은 키나제에 연결되어 활성화되고 DNA 자가복제를 위한 효소를 합성한 다음 그 즉시 사이클린은 사라지고 키나제도 불활성화된다. 체세포 분열로 연결되는 과정에서는 이러한 사이클린-키나제 복합체를 통해서 조절되는데, 이는 염색체가 완전히 두 배가 되기 전에 체세포 분열이 일어나는 것을 억제한다. 세포 분열이 세포의 성장과 연결되면 세포의 부피는 지속적으로 증가한다. 우선 세포의 성장이 완성된 후 분열이 일어나게 되는데, 이것을 조절작용이라 한다.

세포 분열 과정에서는 한 스텝이나 다른 스텝이 지나가도록 변화되기도 한다. 예를 들면 초파리 배에서 초기 체세포 분열 후에 할구핵 사이에 세포막이 만들어지지 않으면 합포체(다핵세포체, syncytium)가 생성된다. 많은 애벌레 세포에서 성장과 DNA 자가복제가 일어나지만 유사 분열(mitosis)과 여기에서 연계되는 세포 분열은 일어나지 않는다. 이것은 세포들이 성장하게 하고 일반적인 이배체 유전자들이 모여서 배수체 세포가 되게 한다. 이것은 거대 염색체가 생성되는 원인이 되기도 한다.

### 감수 분열

배우자는 난자와 정자가 형성될 때, 염색체가 반으로 나누어지기 때문에 각 염색체로부터 한 개체만 받아들이도록 되어 있다. 성숙된 세포가 분열하기 전에 각 염색체들은 유사 분열과 같이 두 배로 늘어나고 두 개의 염색분체를 만드는데, 이들은 방추사에 연결된다. 유사 분열과 다른 점은 두 개의 염색분체가 스핀들자리에서 분리되어 반대 방향으로 이끌려가게 되고 같은 염색체들끼리 결합된다. 분열 방추사(division spindle fiber)들은 딸세포로 분배되고 각 세포는 두 개의 같은 염색체 중 단 한 개만 가지게 된다. 그 전에 같은 염색체의 염색분체들 간에 교배가 일어나 조각(염색분체의 일부분)들을 서로 교환한다. 여기에서 부계와 모계로부터 오는 유전자들 간에 새로운 조합이 이루어진다. 각 염색체 쌍에서는 두 개에서 세 개의 교배가 나타난다. 재조합 후에 네 개의 염색분체는 각각 다른 유전형을 가지게 된다. 암컷 핵생성 과정의 감수 분열에서 만들어진 네 개의 생성물은 난자로 가고 다른 세 개는 극체(polbody)가 되어 기본 구조물이 된다(그림 39, 51).

### 세포의 죽음

세포 분열 후 세포들은 특정 단백질인 멈춤 시그널(stop signal)

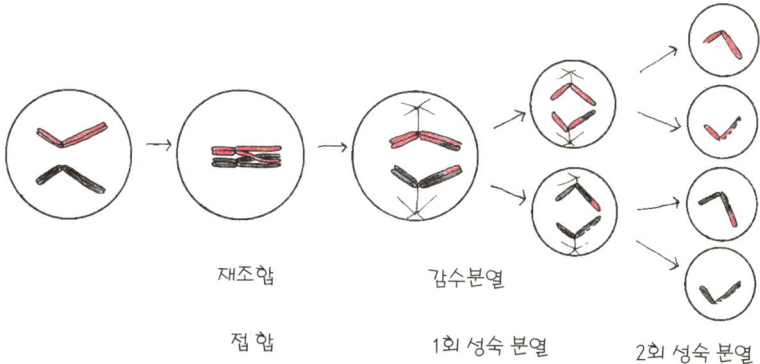

재조합　　　감수분열

접합　　　1회 성숙 분열　　　2회 성숙 분열

**그림 39 감수 분열.** 감수 분열에서는 2회의 세포 분열이 일어나고 염색체수는 반으로 줄어서 각 염색체 쌍으로부터 배우자는 한 개의 견본을 얻게 된다. 우선 염색체는 두 배가 되어 체세포 분열 과정의 시작과 같이 된다. 여기에서 합체되어 같은 염색체 조각들 간에 교배가 일어나고(재조합), 다음에 일어나는 감수 분열에서 같은 염색체들은 나뉘게 된다. 딸세포는 다시 보통의 체세포로 분열된다. 네 번의 분열 후 생성된 것은 반수체가 되고 재조합된 것으로 모두 다른 형이다. 여기에서는 단 한 개의 염색체 쌍이 표현되었다.

에 따라 휴지기에 접어들게 되고, 이 멈춤 시그널은 성장인자에 의해 불활성화되어 후에 세포들의 분열을 가능하게 한다. 멈춤 시그널이나 성장인자가 없다면 세포는 죽음에 이르게 된다. 이미 계획되어 있는 세포사멸(apoptosis)은 세포를 구성하고 있는 물질이 사라지고 아무런 흔적도 남지 않은 상태를 말하는데, 이러한 세포사멸을 조절하는 특정 요소들이 있다. 세포사멸은 사고에 의해서 발생하는 것이 아니라 세포의 형태를 만드는 일반적이고 자연적인 반응이다. 예를 들면 예쁜 꼬마선충의 발생 과정에서 세포가 분열할 때 세포사멸의 결과로 즉시 사라지는 세포도 있다. 신경 시스템 발생 과정에서 세포사멸은 중요한 매커니즘 중의 하나로 작용하는데, 즉 신경관만 남아 있도록 조절된다. 또한 세포사멸은 문제가 있는 세포에서 특정 시그널이 분비되어 이 세포를 사라지게 하기도 한다.

### 성장

성장하는 세포 조직에서 세포 부피는 세포가 분열할 때까지 지속적으로 증가한다. 새로운 분자들은 세포막과 기관들같이 이미 형성되어 있는 구조물에 모이게 된다. 따라서 기관들은 커지고 분열하게 된다. 세포의 구조물은 이미 생성되어 있는 곳에 기초하여 계속해서 만들어진다. 각 세포들은 이미 있던 세포들이 분열하여 생성되고 이론적으로 모든 세포들은 소위 원조세포들과 같이 만들어진다.

배아에서 모양이 형성되는 과정에서 분자들이 서로 영향을 주려면 거리가 짧게 유지되어야 한다. 모양을 만들어가는 과정에서 확장되는 공간의 크기는 분자들의 기능에 따라 다르게 되는데, 예를 들면 단백질의 안정성, 형태발생물질의 확산 정도(농도의 크기 정도), 난황에서 배아세포에 영양을 공급해 주기 위해 있는 물질의 확산계수 등이 있다. 덩치가 큰 포유동물 대부분은 크기가 매우 작은 배아의 상태에서 이미 몸의 구조가 분획되어 있다. 계속해서 세포의 성장과 세포 분열을 통해서 발전하면서 몸을 이루고 있는 부분들의 비도 달라진다. 주어진 조건에서 여러 차례 반복하여 형태가 변화하면서 최종적으로 분화하게 된다. 특히 초파리의 경우 형태 발생 물질의 유전과 성장이 정확히 분리되어 있는데, 애벌레는 배아 발생 과정에서 1mm 크기로 형성되고 세포는 모양은 변하지 않으면서 20배 정도 증가한다. 이때 성충판의 세포들만 규칙적으로 분열하고 번데기 단계에서 분화된다.

### 줄기세포

완성된 동물에서는 단지 특수한 조직에서만 새로운 세포들이 만들어지는데, 줄기세포(stem cell)의 역할은 이러한 세포를 생산하는 것이다. 여기에서 분화하는 세포같이 스스로 증식할 수 있는 세포를 분화하지 않은 체세포(somatic cell)라 한다(그림 40). 대부분의 줄기세포는 특정 세포 타입만을 가지고 있는 반면 혈액을 생산하는 줄기세포같이 세포 수만 증식시키는 세포도 있다. 이러한 것을 다능성(pluripotent)이라 한다. 줄기세포로 지속적으로 새로운 세포를 만드는 세포 조직으로는 피부, 내장과 혈액들이 있다. 근육에서 줄기세포가 있으며 뇌에서는 수요에 따라 분열하고 분화된 세포를 만드는 신경 줄기세포도 있다. 줄기세포들이 분화되지 않았음에도 발전가능성은 제한되어 있다. 줄기세포들은 기관을 구성하고 있는 세포들같이 성장하기 전에 분화된다. 체줄기세포들은 대칭으로 분열하는 것이 특징이며 이 현상이 딸세포에서는 다르게 나타난다. 나중에 만들어지는 세포에는 구성물질들이 편중되어 모여 있어서 두 개의 딸세포 중 한 세포에는, 정해진 위치에 RNA를 가지고 있는 반면 다른 세포에는 없다. 또 다른 경우를 보면 이웃하고 있는 세포층에서 줄기세포들은 분화를 억제하는 특정 시그널을 가지고 있다. 이러한 시그널이 전달되지 않는 곳에 있

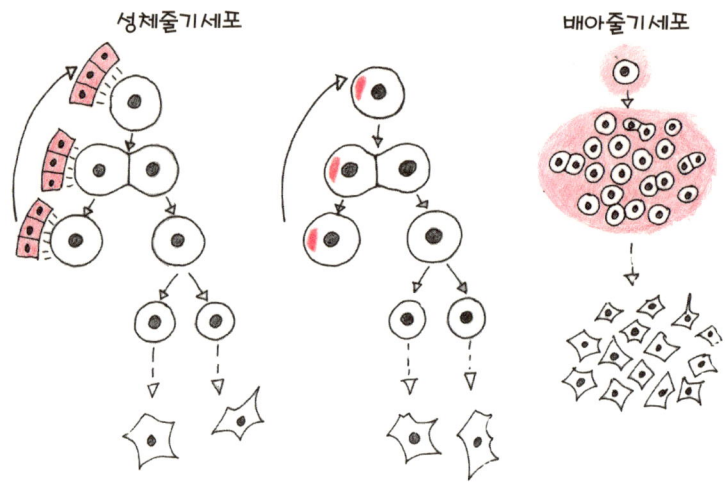

**그림 40 줄기세포.** 성체줄기세포(adult stem cell)의 줄기세포들이 분열하면 다시 줄기세포가 만들어지거나 나중에 분화되는 세포가 되기도 한다. 이들은 분화되기 전에 여러 차례 분열한다. 모양이 같지 않은 딸세포들은 밖에서 오는 시그널(왼쪽)이나 대칭으로 놓여 있는 요소(중심부, components)에 의해 만들어진다. 배아줄기세포들(131쪽 참고)은 증식하고 배지에 특정 성장인자가 있으면 줄기세포로 존재하게 되고, 이들이 분리되어 분화된다. 여기에서 일반적으로 첨가하는 성장인자에 따라 여러 가지 세포 타입이 만들어진다.

는 세포들은 이 시그널의 영향을 받지 않고 줄기세포와는 다르게 작용한다(그림 40). 줄기세포들의 첫 세대들이 분화되기 이전에 증식하는 경우도 많다. 대표적으로 난모세포(cytoblast)의 배반세포들이 줄기세포로 작용하는데 이들은 난모세포로 남아있고 더 앞서 만들어진 세포들은 난자와 정자를 만들기 위해 비대칭으로 분열한다. 여기에 난모세포들은 남아 있고 자주 핵질이 만들어져 공간을 형성·유지하여 배아발생 단계가 된다.

# Ⅶ 척추동물

지구에는 100만종 이상의 동물들이 존재하는 것으로 알려져 있으며, 현대 생물학 분야에서는 제한된 종들만이 연구되었다. 그 이유는 파리나 개구리가 어떻게 발생되는지 정확히 알고 싶지 않아서가 아니라, 몇 종류의 동물을 통해 동물의 일반적 발생 과정을 이해하였기 때문이다. 물론 사람들은 모델 생명체에 대한 연구 결과를 얻으면 사람에 대한 연구에도 적용이 가능하기 때문이다(연구자에게는 의미가 없을지라도…). 해마, 초파리, 예쁜 꼬마선충은 척추동물이 아니다. 이와 인간의 관련성은 매우 희박하다. 전통적인 연구에서 개구리, 닭들은 중요하였는데, 이는 알을 쉽게 얻을 수 있고 암컷의 체외에서도 발생이 가능하다는 점 때문이었다. 개구리와 닭의 배아는 배아의 크기가 비교적 크기 때문에 배아를 분리하고 이식하거나 다른 부분과 조합시킬 수 있어서 연구하기에 용이하다. 이미 1920년대 도롱뇽 연구에서 유도된 반응이 주변에 쌓여 있는 조직에서 시작된다는 사실은 발견되었다.

무엇보다도 개구리와 닭의 경우, 특정 유전자들이 없어지므로 아직까지도 변이주가 만들어지지는 않았다. 이러한 관점에서 제브라다니오(Danio rerio)는 초파리와 마찬가지로 유전자연구가 가능하여 연구 대상으로 삼기에 매우 우수한 것으로 알려져 있다. 물고기 알은 투명하므로 살아 있는 생물체의 변화 과정을 쉽게 관찰할 수 있다. 초파리와 예쁜 꼬마선충에서뿐만 아니라 제브라다니오에서도 발생변이주를 찾는 연구가 계속되고 있다. 쥐와 같은 포유류에서도 이런 비슷한 연구가 행해지고 있으나 다른 생물체와 비교하면 매우 어려운 연구다. 왜냐하면 배아가 자궁에서 성숙하기 때문에 직접적으로 관찰하기도 다루기도 힘들기 때문이다. 교배될 때마다 한 개의 다음 세대가 생성된다. 위의 경우 배아줄기세포들이 있는데 이들은 배양과정에서 유전적으로 변이가 일어날 수도 있다. 여기에서 이미 알려진 유전자들을 제외시킬 수 있는데 이것으로 유전자 분석이 가능하다. 닭, 개구리, 물고기에서도 이러한 줄기세포가 아직 없다. 포유류인 쥐는 의료를 목적으로 연구가 진행되고 있다.

### ① 개구리, 물고기와 새

성숙된 척추동물들은 다양한 모습을 가지고 있지만, 몸체가 만들어지는 과정은 서로 비슷하다(그림 41). 이것은 기간이 형성되기 시작한 후 관찰하면 더 분명하게 나타난다(그림 42). 몸의 중심축은 척색으로 연장되고 그 위를 신경관(neural tube)이 생성 및 증식되어 덮고 머리 끝부분은 대뇌 부분으로 연장되어 연결된다. 배아의 신경관 양옆에서는 원체절(somite)이라는 일종의 근육주머니 형

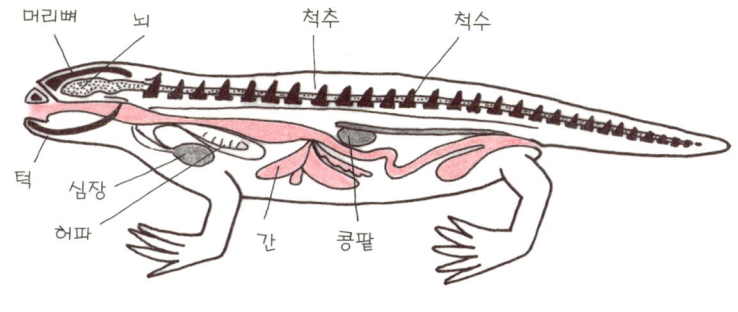
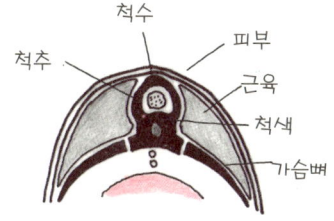

**그림 41 척추동물의 구조.** 이름이 의미하듯이 척추동물이 가지고 있는 척추는 등골을 보호하고 몸의 구조를 안정되게 한다. 이 등골은 척색이 일부를 포함하고 있는데 이것은 배아의 구조를 안정되게 하며 지지한다. 턱이 없는 물고기 종류와 우렁쉥이속(ascidian)들도 척색동물(chordate)에 속한다. 척추동물의 특징은 두개골과 턱에 있는데 이들은 신경판(neural plate) 세포로부터 만들어진다. 아래 : 몸통 부분 단면으로 소화기관의 내장들은 내배엽기관으로 적색으로 표시하고 중배엽 기관은 회색으로 표시되었다. 팔, 다리 부분에서 골격 부분은 표시하지 않았다.—Kuehn, 일반 동물학 기초, 13. 1959.

태의 많은 결합 조직(근육, 연골, 진피 등)들이 생성된다. 이 부분에는 소화기관과 같이 온 몸을 통해 놓여 있는 동맥 시스템으로 혈액을 끊임없이 펌프질하는 심장이 있다. 팔과 다리, 날개, 비늘, 머리카락, 새의 부리, 머리 뿔, 손, 발톱 등 척추동물류에 속하는 동물들의 다양한 모습을 이루고 있는 부분들은 나중에 생성된다.

배아세포의 초기 발생 단계부터 이미 각 척추동물의 종류에 따라 다른 점이 많다. 예를 들면 배양하는 또는 알을 품는 형태(그렇

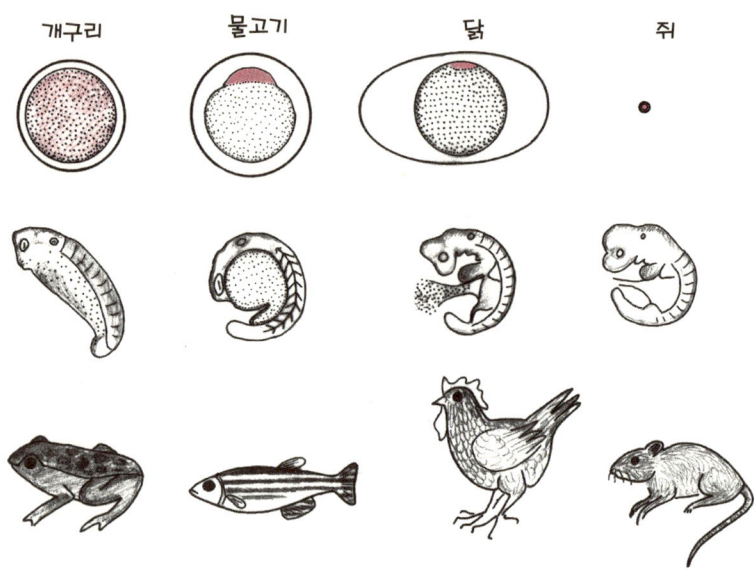

**그림 42 척추동물의 난자.** 여러 가지 척추동물의 배아세포와 성장했을 때의 모습이다. 배아세포들과 난자들이 매우 유사한 모습이지만 성숙하게 되면 전혀 다르게 보이는 것은 흥미롭다. 포유류에서 난자의 크기는 매우 작지만 배아가 모체를 통해서 영양을 공급받아 성장하게 된다. 알을 낳는 동물들은 발생 초기에 난자로부터 나오기 때문에 알의 크기와 같은 크기로 커지게 된다.

지 않은 경우도 있다)와 교배된 난자들이 건조한 조건에 대비하여 미리 준비하는데 이것은 태어난 곳에서 살아남기 위한 것이다. 새들의 알은 난황의 크기가 커서 알에서 많은 부분을 차지하고 있다. 배아는 작은 난황에 있는 배반으로부터 발생된다. 개구리와 물고기의 알들은 크기는 별로 크지 않지만 많은 알을 낳는다. 이 작은 알들도 역시 충분한 양의 난황을 가지고 있다.

조류와 같이 어류에도 난자는 난황을 가지고 있고 개구리 알의 난황은 배아세포 전체에 분산되어 있다. 포유류는 생명이 있는(살고 있는) 태아를 가장 복잡하고 어려운 방법으로 성장시키는데, 난황이 없는 난자에서 생명 발생과 관련된 반응이 일어나기도 한다. 이 과정에서는 특수 세포들이 형성되고 나중에 나오는 부분은 배아의 영양이 되는 태반으로서 모태로부터 영양을 공급받는다. 배아의 발생은 모태의 자궁에서 착상된(자리 잡은) 후에 지속된다고 할 수 있다.

척추동물의 발생 과정에서 아직 분화되지 않은 많은 세포는 포배(blastula)에서 난할(cleavage)되어 낭배형성 과정으로 들어가고, 낭배형성 과정에서는 세 개의 핵 부분이 외배엽, 내배엽과 중배엽으로 나뉜다. 조류와 포유류에서는 배아세포 덩어리뿐만 아니라, 나중에는 퇴화되지만 성장하는 배아를 보호하는 껍질과 영양을 공급하는 세포 조직이 만들어진다. 초기 발생 단계는 배아에서 영양을 공급하는 방법과 종류에 따라 다르다. 이것은 포배와 낭배의 기하학적 구조에 따라 달라진다. 각 과정들은 매우 복잡하기 때문에 다양한 동물의 배아에서 만들어지는 구조를 이해하고 이론을 정립하려면 많은 경험과 인내가 필요하다.

### 동질성 (Homology)

여러 가지 척추동물들의 발생 과정을 비교하면 발생에 대한 이해와 흥미에 큰 도움이 된다. 진화 과정에서 같은 조상이었다면 유전적으로 유사하고 입체기학학적으로는 다르다고 해도 서로 같은 구조를 가지고 있는 경우가 종종 있다. 그 예로 발생 유전자 중 배아의 모양이 척추동물들 간에 서로 비슷하다는 사실을 들을 수 있다. 척추동물 간에 배아에서 일치하는 구조는 일반적으로 같은 유전자로부터 합성된 단백질로 볼 수 있다. 모양이 형성되는 과정에서 이들의 기능이나 위치와 관계없이 이러한 유전자를 편의상 'marker'라 하기도 한다. 분자의 마커들은 여러 가지 척추동물 종류 간에 배세포를 쉽게 비교할 수 있게 한다. 예를 들어 이러한 마커가 개구리 유전자에서 발견되었고 닭이나 쥐에서도 그 존재가 확인되었다면, 이들은 서로 유사한 기능을 수행할 것이라고 예상할 수 있다. 따라서 한 가지 생물체에 대한 정보는 다른 생물체에도 쉽게 적용할 수 있다.

### 개구리의 발생

개구리 발생 과정을 추적하는 연구도 그리 간단하지는 않지만 개구리 알은 투명하여 쉽게 관찰할 수 있었으므로 집중적인 연구가 가능하다. 개구리 배아는 동그란 공 모양의 세포로 시작하여 한 자리에서 복잡한 과정을 거치면서 모양이 달라져 길이가 늘어난 올챙이가 된다.

개구리 알의 맑고 투명한 윗부분과 아랫부분이 나중에는 각각 배아의 앞부분과 뒷부분이 된다. 초기 발생 단계에서 각 세포들은 동시에 분열된다. 첫 번째 단계로 배아는 좌우 반씩 나뉘고 두 번째 단계에서는 등 부분과 배 부분, 세 번째 단계에서는 위, 아래를 가로지르는 축이 만들어지게 된다. 그 후의 분열 과정은 정확히 파악되지 않고 있다. 빈 공간 벽으로 싸여 있는 세포에 여러 개의 층이 만들어지는데 이렇게 형성된 세포를 포배라고 한다. 모든 세포들은 난황을 가지고 있는데 이것은 배아 위치에 있으며 다른 부분보다 크고 나중에 창자로 변화한다(그림 43).

원구(blastopore)는 세포링으로서 세포를 가로지르는 선 아랫부분에 위치하고 있으며 세포들이 배아 안으로 들어가서 중배엽체(mesoderm body)를 만든다. 이 부분 안에서 세포들은 뒷면(dorsal)에서 척색으로 옮겨가고 경계선에 있는 세포들은 근육, 척추, 심장으로 되며 멀리 배 부분에서는 혈액세포들이 만들어진다. 길이 축은 이 링의 등 부분에서 형성되기 시작하는데, 이 위치를 배순

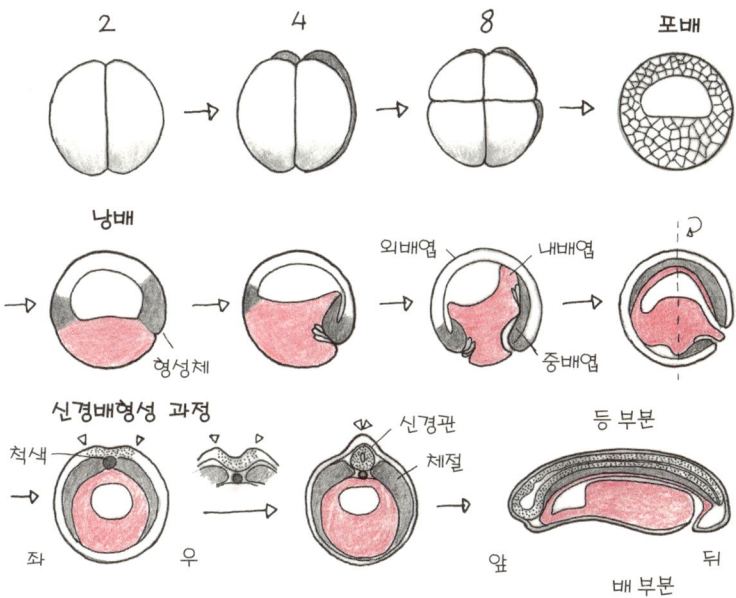

**그림 43 개구리 발생 과정.** 윗줄은 난할 과정이다. 개구리의 포배는 여러 가지 크기의 세포를 가지고 있고 액체로 채워져 있는 공간을 둘러싸고 있다. 낭배형성 과정은 나중에 변연대(margianal zone)가 있는 배부에서 시작된다. 원구라고 하는 링 모양의 부분(배순)을 따라서 내배엽(적색)의 함입과 중배엽의 회절이 배아의 등 부분에서 시작되는데 이 세포들은 안쪽으로 이동한다. 신경배(횡단하는 부분)형성 과정에서는 배아의 등 부분 신경점 부위에서 신경관이 함입(점으로 표시)되어 형성된다.

VII. 척추동물 | 125

(dorsal lip)이라 한다. 슈페만의 연구에서는 형성체로서 이 곳을 치환하였다. 중배엽 세포는 등 부분으로 밀고 들어가서 안으로 움직인다. 우선 안으로 들어간 세포들은 형성체 앞에서 그 윗부분에 있는 외배엽과 함께 머리 부분을 만든다. 나중에 중배엽 세포들은 이미 있는 세포들 사이로 밀고 들어가서 축이 아래쪽으로 연장된다. 동시에 나머지 외배엽 세포는 아래쪽으로 늘어지고 배아의 반쪽 중 아랫부분 세포들은 모두 안쪽으로 가서 중배엽이 되고 아랫부분의 난황(yolk)이 큰 세포들은 내배엽이 된다. 여기에서 배는 다양한 층과 전후체축 조직(anterior-posterior organization)을 가지게 된다. 원구는 나중에 창자 뒷부분이 되고 입은 새로이 만들어진다. 꼬리는 뒤쪽 끝을 표시한다(그림 43).

축 안에서는 앞에서 뒤쪽으로 방향이 정해진다. 안으로 들어간 세포들 중에서 중간에 있는 세포들은 척색이 되는데, 이것은 막대형 구조로 길이축을 안정화시키고 잠시 존재하였다가 사라진다. 옆에는 중배엽에서 원체절이 만들어진다. 원체절들은 곤충류 역시 '원체절'로 표시되는 부분에서 정기적으로 만들어지는 세포 그룹과 비교되고 나중에는 발생 과정에서 처음 원체절이 앞으로 보내지고 일정 거리를 두고 나중에는 뒤쪽으로 붙게 된다. 여기에서 나중에 세 개의 조직이 만들어지는데 척추의 물렁뼈와 뼈, 몸 근육과 피하 조직 등이다.

신경 시스템은 외배엽의 신경배형성 과정에서 만들어진다. 등 부분에서 척색을 거쳐 긴 줄 형태의 것이 생성되고 신경관의 함입된 부분을 연결한다(그림 43). 머리끝의 신경관에서는 세 개의 작은 포(vesicle)까지 확장되는데 이들은 앞, 중간과 뒤쪽 뇌를 만들게 된다. 신경관은 원체절, 척색과 함께 척수가 되고, 나중에 척추 뼈로 감싸이게 된다. 눈들은 뇌의 앞부분에서 돌출되어 만들어지고 렌즈와 코, 귀는 외배엽에서 밀도가 높아지면서 형성된다.

배아의 등 부분 신경점 부위에서 신경관이 함입(점으로 표시)되어 신경배가 형성된다. 이들은 등 부분의 신경 시스템에서 나온 것으로 배 부분으로 옮겨가서 여러 가지 구조를 만드는 데 중요한 역할을 하게 된다. 이들은 우선 피부에 색을 입히는 색소 세포, 머리 뼈, 턱 등을 만들고, 이들은 기관에 신경 시스템을 제공한다. 신경배 세포들은 배아 안에서 계속 움직이면서 정해진 위치와 목표를 찾는다. 이들은 외부에 나타나는 뿔, 머리 모양, 피부색 등을 만들면서 척추동물로서의 모습을 만들어간다.

제브라 물고기와 닭

어류의 발생 과정은 여러 가지 측면에서 개구리의 경우와 비슷한데 난자의 난황이 세포질 내 가운데 또는 어느 한 부위에 몰려 있다. 또한 난할은 수정란 전체에서 일어나지 않고 일부에서만(실험실에서 관찰하였을 때 맑은 부분) 일어난다. 즉, 알 전체가 난할되지 않고 배반에서만 좌우상칭형으로 나뉜다. 물고기의 포배는 많은 작은 세포로 되어 있는데 이 세포들은 난황 위를 덮는 모양으로 표면에 확산되어 있다. 가운데에 도달하게 되면 가장자리에 있는 세포들이 들어와서 중배엽과 내배엽을 만들기 시작한다. 등 부분이 두터워지면서 형성체의 역할을 하는 두꺼운 층이 생성된다. 난황세포는 나중에 소화기관으로 흡수되는데 가지고 있던 영양 성분은 배세포의 조직이 성장하면서 천천히 소모된다.

일반적인 조류 알의 경우에도 난황이 모여 있고 물고기 알의 경우보다 구별이 더 분명하다. 암컷에서 생성된 난자세포는 알이 형성되면서 난황이 된다. 세포핵을 가지고 있는 작은 세포질의 일부에서 수정이 되는데, 이 과정은 이미 달걀을 낳기 하루 전에 시작된다. 할구되면서 배반엽형성 과정으로 들어가는데 난황 표면에 있는 둥근 포배에서 배반(blastodisc)이 되고 여기에서 난할된다. 배아는 이차원 구조로 발달하므로 앞, 뒤 조직에 대한 이해가 비교적 쉽다. 그림에서와 같이 여러 개의 층이 갈라지면서 원조(primitive streak)가 만들어지고 이 골은 뒤쪽 끝까지 연장된다(그림 44). 이 원조의 앞부분 끝에 두터운 부분이 있는데, 이를 헨센결절(Hensen's node)이라 한다. 이 부분이 개구리에서는 형성체의 역할을 하게 되는데, 즉 세포들은 원조로 들어가고 아랫부분에는 중배

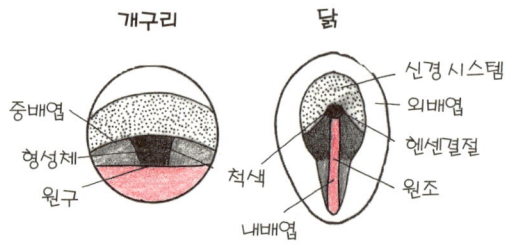

**그림 44 개구리와 닭의 배아 단면도.** 이 두 그림에서 가장 큰 차이점은 낭배형성 과정에서 내배엽, 중배엽으로 된 부분의 갈라진 틈에 있다. 즉, 상배엽에서 예정운명 중배엽과 내배엽세포들은 진입에 의해 안으로 들어가 배반에서 길게 갈라진 틈을 만드는데 이를 원조라 하고 이것은 나중에 원구가 된다. 닭의 경우 이렇게 형성체의 역할을 하는 부분을 헨센결절이라 한다.

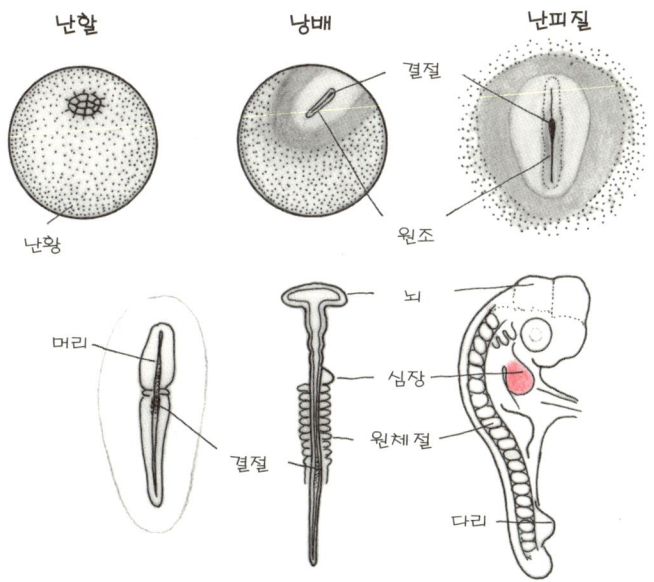

**그림 45 닭의 발생 과정.** 배반에서는 길이가 길어지는 원조가 만들어지고 여기를 중심으로 중배엽과 내배엽의 세포들이 증식되어 싸인다(그림 46). 난황 위에서 배반 끝까지 얇은 세포층이 증식되면서 확산된다. 길이 축은 헨센결절에서 만들어지고 세포들은 안에서 앞 방향으로 증식된다. 헨센결절의 끝은 뒤쪽으로 가고 여기에서 축이 연장된다. 옆 부분에는 체절들이 증식되면서 모양을 만들어간다. 2일된 배아에서는 심장이 만들어지기 시작하고 혈액은 난황을 덮고 있는 동맥으로 가서 배아에 영양을 공급하게 된다.

엽과 내배엽 부분들이 만들어진다. 개구리와 반대로 어류는 세포분열을 동반하면서 여기에서 성장한다. 헨센결절에서 시작되어 축은 뒤쪽 방향으로 연장된다(그림 45).

조류 배아에서는 배아와 영양물질이 분명히 분리되어 있는데 난황 윗부분에 세포층이 확장되고 난황은 배아에 영양물질을 공급하게 된다. 이들은 배외막(extraembryonale)이 되고 배아를 보호하는 역할을 하게 된다. 여기에는 난황에 외배엽 주름이 생기면서 생성되는 양막(amnion)이 있으며 배아 윗부분에서 연결된다. 따라서 액체가 들어있고 속이 비어있는 양막에 양수(amnionic fluid)가 만들어지면서 채워진다(그림 46). 난황 주머니(yolk sac)는 내배엽과 주변에 있는 난황으로 구성되어 있다. 난황 주머니는 중배엽의 세포층으로 덮여 있고 안에는 혈관과 혈액이 생성되며, 이들은 배아에 있는 혈관들과 연결되면서 배아의 난황으로부터 영양물질을 전달한다. 닭의 배아에서 처음으로 만들어지는 기능이 있는 장기는 심장(아리스토텔레스는 뛰고 있는 점이라고 표현하였다)이다. 심장은 배아 쪽에 있는 중배엽 앞부분에 있는 한 쌍의 부분으로부터 생성되고, 체내 순환이 일어나기 전에 난황의 순환을 가능하게 한다. 아리스토텔레스가 닭의 배아에서 혈액이 공급되는 과정이 포유류에서 태반의 기능과 비슷하다고 표현하였는데 이는 무척 흥미롭고 주목할 만한 일이다. 계속해서 만들어지는 배아의 외막 구조는 요막(allantois)이 되는데, 일단 혈관의 역할을 하며 배아에 산소를 공급하고 분해물들을 배출하는(허파와 신장의 기능과 같다) 기능을 한다(그림 46).

### ② 포유류 : 쥐

양서류, 조류와 어류들은 알을 낳는데 이들은 모체 밖에서 살아남기 위해 필요한 모든 영양물질과 유전물질을 함유하고 있으며 독립적인 병아리나 올챙이로 발전하게 된다. 태어난 알은 외부로부터 특정 온도, 습도와 공기만 공급받음으로써 자립할 수 있게

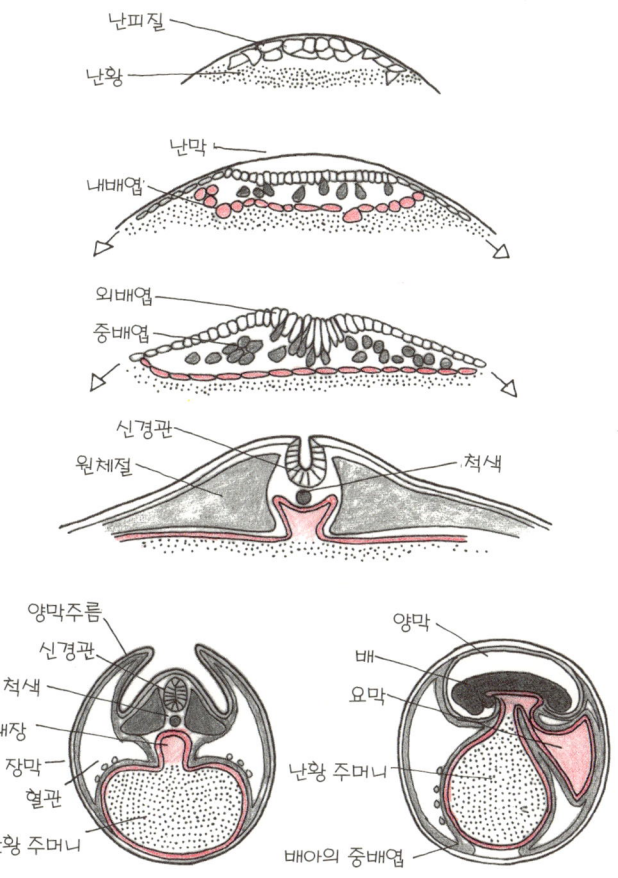

**그림 46 닭의 발생 과정 : 낭배형성과 외막.** 세포들이 원조 내부로 들어가면서 세 개 층으로 된 배아가 생성되고 이들은 난황을 중심으로 자리 잡게 된다. 세 개의 배반 세포층은 난황 세포들을 중심으로 자라고 배아의 외막 조직을 만드는데, 이것은 난황으로부터 영양 성분을 받아들이고 내보내는 데 중요한 역할을 한다. 난황 주머니는 난황을 둘러싸고 있다. 이 안에서 혈액세포와 혈관이 만들어지고 이들은 초기 발생 단계에 배아에서 만들어지는 심장과 연결된다. 요막은 내배엽의 주머니이며 여기에는 분해물(배설물)이 쌓이고 공기가 순환되도록 한다. 내배엽 주름으로부터 양막이 생성되고 이것은 배아의 등 부분 위로 연결되어 배아를 보호하는 역할을 하게 된다. 이어서 옆쪽에서는 배아 전체를 뒤덮음으로써 배아를 보호하고 배외막 주머니와 혈관을 연결한다. 적색 : 내배엽, 회색 : 중배엽, 점 : 난황

된다. 쥐 같은 포유류의 경우는 다르다. 포유류들은 살아 있는 상태에서 태어나고 이들은 배가 수정되어 태어나기까지 모체의 자궁에 있다. 발생 과정은 두 부분으로 나누어지는데 난자세포의 세포질은 수정 후에 배반포(blastocyst)를 만드는 데 필요한 정보만을 가지고 있다. 이것은 100개 정도의 세포로 구성되어 있고 여기서 배는 외막 구조와 태반으로 형성된다. 원래의 배아발생(embryogenesis) 두 번째 과정에서는 배반포가 암컷의 자궁에 자리 잡게 된다. 이곳에서 태어날 때까지 배아가 자라고 모양이 형성된다. 포유류에서는 수정되는 시점 후에 모체로부터 영양분을 공급받게 된다. 알을 낳는 동물의 경우에는 이미 수정되기 전에 성장하는 배아를 위해서 영양분이 준비되어 있다.

### 난자에서의 발생 과정

포유류의 난자들은 가장 작은 종류에 속한다. 예를 들면 쥐의 난자는 직경 80마이크로미터(micrometer)이다. 난자핵은 투명대(zonapellucida)로 싸여있다. 포유류 난자는 수란관(oviduct) 윗부분에서 수정되며 수정란은 수란관을 따라 자궁벽 내 착생 부위로 내려오는 과정에서 난할이 일어난다. 포유류의 세포 분열은 초기에는 매우 느리고(12~24 시간) 불규칙적으로 진행되나 나중에는 분열 속도가 빨라진다. 첫 번째 배세포들은 둥근 형태로 약간 부풀려지게 되면서 8개의 세포가 만들어지고 만들어진 세포들은 서로 치밀하게 밀착되어 있다. 이것은 세포흡착물질들이 생성되기에 가능한 것이다. 이렇게 마치 단단한 세포 공같이 되어 있는 8개의 할구

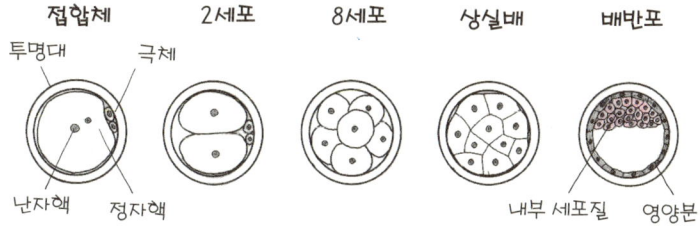

**그림 47 쥐의 초기발생 과정.** 난자세포들은 투명대라고 하는 외막으로 보호되어 있으며 난황이 없다. 극체는 감수분열 후 생성된다(그림 51). 쥐의 세포분열은 다른 종류의 동물과 같이 규칙적으로 일어나지 않는다. 상실배에서는 내부세포 그룹인 내부 세포질(적색)이 만들어지는데 이것은 영양외배엽이라고 하는 외부세포들과 정확히 구분된다.

(blastomere)를 상실배(morula)라 한다. 계속 분열하여 32개의 세포들이 만들어지고 각 할구들은 배아 안에 액체를 분비하면서 배포강(blastocyst cavity)이 형성되고 이 시기를 포배와 유사하여 배반포라 한다(그림 47). 배낭기의 세포들은 외부에 영양외배엽(trophectoderm)이라고 하는 편평한 상피층(epithelium)을 만들고 배낭 안쪽에는 밀집된 세포 집단인 내세포괴(inner cell mass)를 이루어 한곳에 모이게 된다. 이때 배낭기의 배아는 투명대에 싸여 있고 난할이 진행되면서 투명대층이 분리되고 자궁벽에 착생하게 된다.

배아는 두 가지 세포 타입으로 분화되는데 이것은 자궁에 착상되기 위한 것이다. 포유류에서만 나타나는 현상으로 영양외배엽에서 장막(chorion)이 발생되고 장막은 자궁벽 조직과 함께 태반(placenta)을 만들어서 모체를 통해 태아 또는 배아가 영양을 공급받는 원천이 된다.

처음 두 번째 세포 분열 후 두 개나 네 개의 세포가 되면 분리되고 이들로부터 한 개체의 쥐가 형성될 수 있다. 다음 시기에는 더 이상 분열하지 않게 되는데(예외가 가끔 있지만) 그것은 세포들의 크기가 작기 때문에 예를 들어, 배반포가 8번째 세포주기(8세포기)에 있는 한 개의 세포로부터 15개 정도 세포를 가지게 될 것이다. 아마도 이들 중에서 내부 세포질 생성에 네 개의 세포가 투여될 것이다. 8세포기 배아에서 한 개나 두 개의 세포들이 없어질 수 있는데 그래도 일반적인 방법과 같이 계속해서 발생된다. 8세포기에서 두 개의 배아를 합치면 두 세포의 특성을 가진 쥐가 태어난다. 두 개의 배아들로부터 어떤 특징을 받게 되었는지는 마커에 따라 다르게 보일 수 있다(그림 48). 이것은 이 시기에 있는 세포들은 아직 발생 과정이 고정되어 있지 않고 모든 가능성이 열려 있기 때문이다. 두 가지 서로 다른 개체의 세포들이 용해되어 형성된 동물들을 키메라(chimera)라고 한다. 키메라는 내부 세포질의 세포를 다른 배아의 배반포에 이식하여 얻을 수 있다. 여기에서 세포는 모든 발생 과정을 실현할 수 있고 주변 환경에 적응할 수 있는 능력도 가지게 된다. 발생 과정에서는 영양외배엽 과정을 거쳐야만 '쥐'로 될 수 있고 착상과 태반의 생성 과정이 이러한 영양외배엽에 의해 완성되기 때문이다. 내부 세포질을 구성하고 있는 세포들은 배아의 생존에 필수적인 이러한 기능을 수행하지 못한다.

### 유전자 각인

분화되면서 영양외배엽으로 분화하거나 내부 세포질로 되는 현상을 유전자 각인(각인찍기, 태어난 직후에 획득하는 행동양식,

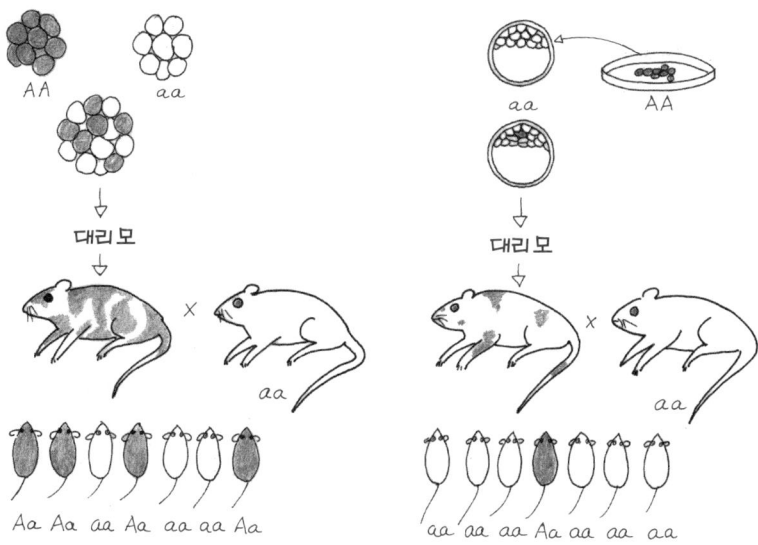

**그림 48 키메라.** 8세포주기에서 두 개의 배아를 취합하여 대리모가 되는 쥐에 이식하면 키메라가 생성된다. 여기에서 태어나는 쥐는 두 공여자의 특징을 다 가지고 있는 '키메라 쥐'가 된다. 위 그림에서 쥐의 털색에 섞여 있다는 것을 알아볼 수 있다. 오른편 그림은 배반포에 이식된 배아줄기세포 배양액에 있는 각 세포들이다. A로 표시된 후손들은 모든 조직에서 찾을 수 있다. 키메라의 두 공여자로부터 전달되는 핵세포들의 비율을 테스트하기 위해서 열세한 a 로 표시된 파트너와 교미시킨다.

imprinting)이라 한다. 이 현상은 지금까지는 포유류에서만 관찰되었다. 유전자 각인 현상에는 몇 가지 유전자들이 직접 관여하는데, 수정 후에도 난자로부터 전달되었는지 아니면 정자로부터 전달되었는지에 따라 '발현의 유무'가 달라진다. 수정란에서 난자로부터 전달된 유전자들은 영양외배엽의 형성을 억제하고 정자로부터 전달된 유전자들은 촉진한다. 유전자들의 이러한 반응은 내부 세포질과 영양외배엽 간에 분배 균형을 유지하는 데 필요하다. 유전자 각인은 수정란에 있는 특정 유전자가 그 난자 또는 정자로부터 왔는지 여부에 따라 다른 화학적 방법(메틸화 여부)으로 활성화되어 발생에 관여한다. 여기에 다른 어떤 의미가 있는지에 대해서는 알지 못하지만 유전자 각인 과정이 있다는 것은 단위생식(parthenogenesis)에서와 같이 수정되지 않은 난자세포로부터 배가 생성될 수 있다는 것을 의미한다. 이러한 과정은 비효율적이지만 어류와 양서류에서는 발견되었고, 포유류에서는 다르게 나타났다.

### 자궁 안에서의 발생 과정

배반포는 난할이 진행되면서 투명대 층이 분리되고 자궁 점막에 있는 세포외기질에 연결하여 착상된다. 영양외배엽 세포들은 배반포들이 자궁 조직으로 둘러싸일 때까지 미는 역할을 한다. 여기에서 영양외배엽 세포는 분열하고 자궁 조직 안으로 밀고 들어간다. 그리고 그 곳에서 자궁 조직과 함께 태반이 생성되는데 태반은 모태의 혈관을 통해 공급된다. 나중에 탯줄이 배아의 혈관 시스템과 태반을 연결하고 모태의 혈액이 배아의 혈관으로 흐르게 된다. 따라서 필요한 산소를 공급하고 배설물을 내보내며 영양성분을 이러한 경로를 통해 공급받게 된다. 배아의 기관이 제 기능을 할 수 있을 때까지 배아는 모체의 기관을 같이 사용하며 공급과 물질대사를 의존하게 된다.

자궁벽에 착상한 후에는 배아와 같이 연결되어 있는 배아의 외막, 양막, 난황 주머니, 요막 등이 내부 세포질로부터 형성된다. 배아의 표면은 상피세포로 실린더 형태는 내부 세포질로부터 형성된다. 이것은 찻잔모양 구조로 한쪽이 오목하게 되는데, 계란의 배반과 비교될 수 있다. 닭의 경우 형성체와 동일한 원조, 결절이 형성되면서 축이 만들어지고 뒤쪽 방향으로 축이 연장된다. 안에서 밖으로 가는 경로는 매우 복잡한 과정을 통해 질서가 생기고, 배아는 스스로 가지고 있는 축을 중심으로 길이 방향으로 돌아가면서 양막으로 덮이게 된다.

### 쥐의 배아줄기세포

배반포를 구성하고 있는 내부 세포들은 실험실 페트리접시 상에서 분화되지 않은 배 상태로 영양배지에서 증식할 수 있다(그림 40). 이들은 배아줄기세포(embryonic stem cell, ES세포)라 하는데 쥐의 경우는 이미 20년 전부터 배양이 가능했다. 주인 배아의 배반포에 이 세포들을 이식하면 세포들은 주인 세포에서와 똑같이 반응한다. 여기에서 다음 세대가 생성되었다는 사실이 각 세포 조직, 핵 세포 등의 분석을 통해서 증명되었으며(그림 48), 이들도 분화 전능성(totipotent)이라는 것을 보여주고 있다. 페트리접시 상에서 ES세포들은 신경세포, 근육세포와 혈액세포들이 무질서한 상태이지만 여기에서 모든 종류의 세포 타입으로 분화될 수 있다. 여러 가지 가능성에도 불구하고 실험실 페트리접시에서 쥐를 만들 수 없으므로 배반포의 외부세포들을 생물화학적으로 처리하여도 착상 후에는 모체를 대신할 수 있는 기관이 반드시 필요하게 된다.

배아줄기세포들은 독특한 특성들을 가지고 있으며 체외에서도 연구가 가능하다. 성장인자를 첨가하면 특정세포들의 생성이 촉진되고 다른 세포들은 억제된다. 쥐를 이용하여 이렇게 분화된 세포들은 다시 성장한 생물체에 이식하고 각 조직에 적응하게 한다. 이 실험들은 기초과학에도 중요하지만, 세포를 이용하는 치료기술을 개발하는 데에도 큰 의미가 있다.

배세포가 충분히 생장하기 때문에 ES세포배양액에서와 같이, 생물체의 유전자에서 추가로 유전자가 만들어지는 일은 발생하지 않는다. 여기에 추가로 원하는 생물체 유전자의 복사본인 체외에서 합성된 DNA를 ES세포에 넣어준다. 한 유전자가 정확히 ES 세포의 유전자에 들어가서 일부가 되는 일이 드물지만 일어나기는 한다. 이렇게 전이된 세포들은 적당한 선택 방법을 통해 발견되고 분리되었다. 외부 유전자를 ES세포들에 넣어 주고 특정 배지에서 배양할 수 있다. 이렇게 유전적으로 변화된 세포들은 배반포에 이식될 수 있고 계속해서 쥐로 발전 및 발생될 수 있다(그림 48). 이러한 쥐들의 세포 한 부분은 배반세포들인데 이렇게 전이된 줄기세포에서 발견할 수 있다. 이렇게 유전자가 이식된 쥐가 태어나면 이들로부터 만들어진 배반세포들의 후손은 계속해서 외부 유전자를 다음 세대에 전달하게 된다.

ES세포배양액에서는 쥐가 가지고 있는 특정 유전자를 변이시킨다. 여기에 추가로 ES세포배양액에 체외에서 합성된 플라스미드 DNA를 첨가한다. 가끔 '동질 재조합(homolog recombination)'을 통해 유전자 교환이 일어나는데, 이것은 플라스미드 DNA 와 유전체에서 같은 위치에 있는 유전자 DNA 간에 교차가 일어나는 것이다. 동시에 유전자가 플라스미드에 들어가 일정한 배양 조건에서 살아남게 되면 변이된 세포들을 선택할 수 있다. 동질 재조합은

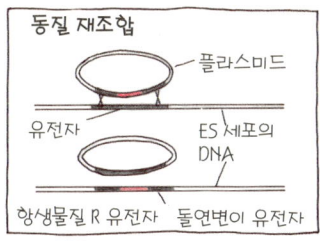 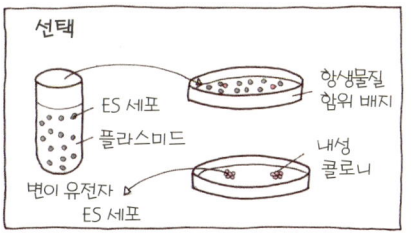

**그림 49 쥐에서 변이주의 생산.** 특정 유전자를 변이시키려면 우선 변이주 ES세포를 배양한다. 원하는 유전자를 가지고 있는 플라스미드를 세포에 들어가게 하고 염색체 DNA와 반응하게 한다. 플라스미드는 그 유전자를 보유하고 있기에 박테리아의 유전자가 추가되고 항생물질(neomycin)에 대해 내성이 생기면서 불활성화되고, 변이된다. 가끔 플라스미드 DNA와 염색체 DNA 간에 동질 재조합으로 교차가 일어나기도 한다. 따라서 ES세포에서는 일반 유전자(intact gene)가 항생물질 내성을 가지고 있는 유전자와 교환된다. 항생물질이 있는 영양배지에서는 변형된 세포만 자랄 수 있고, 따라서 이러한 방법으로 선택이 가능하다. 이렇게 돌연변이된 쥐를 만들려면 그림 48에 설명되었듯이 배포에 있는 ES세포들은 변형되어야 한다. 2세대 후에는 ES세포에서 변이된 유전자와 동질 접합체가 되는 근친교배가 된다.

주로 일반 유전자(intakt gen)와 변이된 복사본을 교환하여 특정 유전자를 제외시키거나 적당한 방법으로 변이시킬 때 사용한다. 이러한 방법으로 변이된 또는 '녹아웃(knock out)' 쥐를 만들었다(그림 49). 지금까지는 외부에서 넣어준 유전자를 대체하는 실험이 ES세포들의 경우에만 가능하였다. 녹아웃 쥐의 생산은 생물체에서 분리된 유전자의 기능을 연구하는 데 중요한 방법이었다.

## ❸ 척추동물에서의 농도구배, 초기 모델과 유도

척추동물의 경우에도 모양이 형성되는 과정에서 위치에 따라 달라지고 전모델이 앞서 만들어진다. 초파리의 경우에서와 같이 농도구배와 극이 고정되고 모델이 결정되는데, 전사인자들이 모이면서 서로 영향을 주어 잠시 동안 전모델이 만들어지고 모양이 형성된다. 무엇보다도 모양이 형성되는 과정은 분명하게 분리되어 있지 않은데 이것은 초파리의 경우와 같다. 척추동물에서 세포들은 처음부터 막이 만들어지기 때문에 시그널이 전달되면서 분자들이 확산되는데 초파리의 경우에는 단순히 확산된다. 포배는 이미 여러 층으로 되어 있으므로 배아 안에서 세포들이 밀리게 되고 형태가 만들어지면서 움직임이 일어난다. 그리고 분자생물학적 프로세스가 지속되면서 초기 모델과 원래 모양 사이의 관계는 초파리 같이 분명하게 나타나지 않는다.

### 낭배형성 과정

개구리와 어류들은 알의 상하축이 비대칭으로 자리 잡고 있는 RNA의 형태로 모체로부터 오는 인자가 고정되어 있다. RNA로부터 유전인자들이 시작되는데, 이들은 내배엽을 스스로 결정하고 정해진 링 안에서 중배엽 생성을 유도한다. 등 부분에서는 후에 마찬가지로 아랫부분에서 시작된 시그널을 통해 형성체를 만드는 위치가 결정된다. 여기에서 윙리스 시그널 전달경로를 구성하는 분자들이 작용하고 이들은 형성체의 세포에서 더 많은 유전자를 활성화시킨다. 이 중에서 몇 가지는 구즈코이드(goosecoid) 같이 전사인자를 코딩하고 이들은 여기에서 새로운 유전자를 활성화시킨다. 코르딘(chordin)같은 형성체의 다른 분자들이 주변에 많이 작용한다. 코르딘은 나중에 등-배 축을 고정하는 농도구배가 형성될 때 작용한다. 이 농도구배의 작용은 코르딘 단백질이 형태발생물질의 활성을 억제하면서 실현된다. 이것은 BMP단백질(초파리의 Dpp 단백질과 비슷하다)로 모든 세포에서 생성된다. 형성체가 스스로 유도되지는 않으나 BMP 시그널을 통해 유도를 억제할 수 있다. BMP 단백질의 농도가 높으면 혈액과 신장같은 배(vetral) 구조가 만들어지도록 자극하고 신경 시스템 형성을 억제한다. 농도가 낮은 경우에는 체절 같은 중배엽 구조의 생성이 유도된다. 등 부분에서는 BMP가 완벽하게 불활성화된다. 따라서 여기에서 신경 시스템이 생성될 수 있다. 형성체들은 스스로 중심에 있는 중배엽의 척색을 만든다.

중배엽에서 만들어지는 원구의 세포에서는 몇 가지 전사인자들이 동시에 활성화된다. 이런 종류로 T-유전자(T=tail)가 있는데 우성 표현형으로 쥐에서 분리되었고, 나중에는 개구리와 어류에서는 브라츄리(=짧은 꼬리, brachyury)와 노-테일(꼬리없음, no-tail) 등이 발견되었다. T-유전자의 전사는 우선 함입된 세포들에서 시작되고 나중에는 척색 세포에서만 일어난다(그림 50). 쥐의 경우 T-유전자가 원조에서 전사되고 나중에는 척색에서 전사된다. 여기에서 구즈코이드 생산물은 결절에서 발견되고 BMP는 실린더 모양 수정란 부분에 있는 외배엽에서 발견되었다.

### 신경배형성

배아의 등 부분이 완성되면 낭배 과정에서 중배엽 세포들이 이미 예정되었던 형태로 움직인다. 앞-뒤 축은 세 개의 배엽에서 중

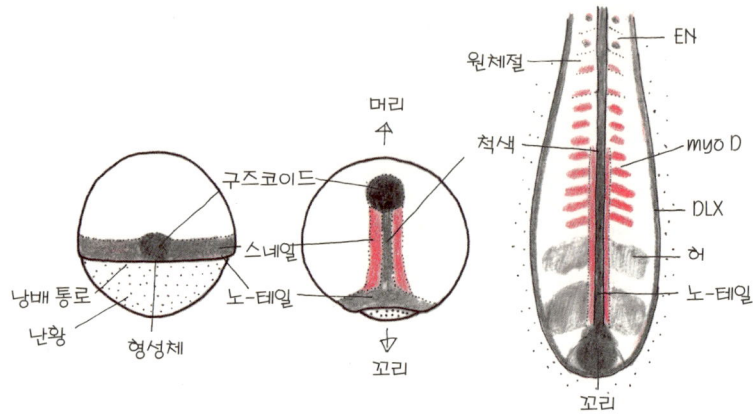

**그림 50 제브라 어류 배아에서의 분자 전구모델.** 왼쪽: 낭배기가 시작되면서 원구에서 유전자들이 활성화 된다. 여기에 형성체가 표시되어 있으며 노-테일 유전자(회색) 생산물, 스네일(적색 부분, snail)과 구즈코이드(흑색). 길이 축의 생성되면서 활성 유전자들이 분리되는데: 노-테일 생성물은 나중에 척색이 되는 부분에 있고 이것은 구즈코이드에서 더 앞쪽 끝, 나중에 체절을 생성하게 되는 옆 중배엽에서는 스네일을 볼 수 있다. 오른쪽: 길이축에 있는 전구모델과 체절의 생성. myoD-전사 모델(적색)을 통해 근육의 체절 형성체(segmental organisation)가 형성되는 부분을 볼 수 있다. 이것은 허(her) 유전자(회색)의 전사물결을 통해 오고 흑색 공 모양으로부터 현실화된다. 노-테일 유전자는 형성된 척삭에서 활성을 가지고 있다.

간에 있는 척색과 함께 형성되는데 여기에서 척색 중배엽(척색을 만드는 중배엽 세포, chordame soderm)의 유도 작용으로 증식·함입된 후 신경관 등이 형성된다. 다음 단계에서는 배아의 가장 등쪽 외배엽세포 집단이 척색 중배엽의 유도 작용없이 배아 안으로 가라앉은 후 한가운데에 긴 신경관이 만들어지는데, 이것이 2차 신경배형성 과정이다.

다음 과정에서는 옆의 체절 앞부분부터 외배엽으로 덮여진다. 형성체에서 보내지는 시그널은 외배엽과 경계 부분에서 중앙 신경 시스템에 영향을 주는데, 여기에서 형성체의 가장 중요한 기능은 BMP를 억제하고 외배엽에서 신경 시스템의 생성을 억제함으로써 표피(epidermis)에서 유리하게 작용한다.

이러한 분자생물학적 사실과 오래된 배아 실험을 통해 알 수 있는 것은 할구를 첫 번째 배아 분열 후 분리하여 형성체로부터 조금씩 보존하면서 더 작은 개구리가 형성되지만 온전한 것을 얻을 수 있다. 두 번째 배아 분열 과정에서 분리하면 두 개의 세포 중 한 개로부터 형성체를 얻게 되므로 배아의 한 부분만 형성된다. 형성체를 슈페만식 실험으로 이식하면 코르딘 단백질이 배아의 한 면에서 생성되고 BMP는 억제된다. 따라서 외배엽 경계선에서 신경 시스템이 표피를 생성하고 추가로 축이 형성한다.

### 체절화

척추동물 몸의 체절판에서 사지 생성 과정이 외부에서는 정확히 보이지 않고(절지동물 종류와는 다르다) 몸의 근육과 척추뼈에서만 정확히 구별된다. 이것은 중배엽 옆부분에서 생성되고, 체절 세포 그룹으로 나누어진다. 포유류의 체절화(segmentation) 과정은 꼬리 끝에서 특정 유전자(예를 들면 her)가 일정 간격으로 전사되어 시작된다. 이것은 물결 모양으로 배에서 앞으로 움직이면서 시작되고 이미 형성된 체절에 도착하여 고정될 때까지 지속된다. 전사 모델이 델타와 노치 단백질 사이에 일어나는 복잡한 상호작용으로 밀려나게 된다. 초기 발생 단계에서 체절화 과정은 myoD-유전자 생성물의 초기 모델로 나타나면서 체절의 앞 가장자리 부분을 표시하게 된다(그림 50).

옆 부분이 늘어나면서 분화되는 체절은 시그널 단백질인 소닉 헤지호그의 영향을 받는데 이 시그널 단백질은 척색에서부터 시작된다. 같은 시그널 시스템은 척색에 있는 신경 시스템의 구조 생성에도 영향을 준다. 이것은 신경관의 바닥판을 만드는 데 필요하다.

### 혹스 유전자

앞-뒤 축(antero-posteroir axe)을 따라서 다양하게 만들어지는 구조는 혹스 유전자(hox gene)에 의해 결정된다. 척추동물에는 13개의 혹스 유전자가 있고 이들은 유전자 콤플렉스에 정렬되어 있다. 초파리의 경우 이 콤플렉스 초기에 있는 유전자들은 배아의 앞부분에서 뒷부분까지 활성화되고 유전자가 뒤쪽에 위치해 있을수록 몸에서도 뒷부분에서 활성화된다. 척추동물에는 네 개의 혹스 유전자 콤플렉스가 있다. 활성이 있는 혹스 유전자 조합은 예를 들면 척추 모양에 따라 생성되는 가슴뼈의 위치 등을 결정한다. 이들은 배아에서 척추동물의 앞과 뒤의 사지가 생성되는 위치를 고정시킨다.

### 사지의 발생

양서류 이상의 동물은 보통 각각 한 쌍의 전지와 후지를 가지고 있으며 이들을 사지라 한다. 사지는 중간엽 세포들이 응집하여 형성된 원기로부터 생성되고 간충직 세포가 취합하여 덮음으로써 피부가 생성된다. 연골의 끝에서는 성장인자 FGF(fibroblast growth factor)가 사지가 될 부분의 길이를 연장시킨다. 사지의 위치는 앞-뒤 축(anterior-posterior axe)을 따라서 만들어지고 소닉 헤지호그 시그널 분자에 의해 결정되는데, 초파리의 헤지호그가 하는 역할과 비슷하다. 이들은 연골의 뒤 가장자리에서 생성된다. 성장된 사지 안에서는 연골 조직의 간충직 세포가 밀집하여 채우게 된다. 이들은 전지와 후지에서 나타나는데 나중에는 골격이 된다. 손가락과 발가락들은 연골판에서 만들어지고 여기에서는 세포의 수명이 다하여 죽게 되면(세포 사멸) 공간이 생긴다.

# VIII 사람

생물 분야에서 사람에 대한 연구는 특별하게 다루어지고 있다. 의학과 다른 여러 분야를 통해 질병, 면역 시스템, 생리학, 영양학 등 동물 분야 전부를 다룬 것보다 훨씬 많은 양의 정보가 있다. 그러나 살아 있는 생물체에서 유전자 기능에 대한 연구에는 모순된 부분이 있다. 동물을 대상으로 실행되는 실험들이 사람의 경우에는 금지되어 있다. 사람에 대한 생물학 연구에서 우리가 알고 있는 것은 '자연적'일 실험법에서 나온 결과인데 질병, 사고들, 유전, 치료시 관찰 등 지극히 제한되어 있다. 생물학적 실험들은 조절이 필요한데 수적으로 많아야 하며, 표준화된 조건이 필요하기도 하고 재연성도 있어야 한다. 유전학의 예에서 분명한 것은 파리, 쥐, 어류에서는 선택된 개체들 간에 계획하여 수정하거나, 돌연변이, 동종번식(inbreeding), 유전자의 전이 등의 실험을 어렵지 않게 수행할 수 있으며 유전자의 기능에 대한 가장 중요한 사실들을 밝혀낼 수 있었다. 이러한 실험 방법들이 사람의 경우에는 불가능하다.

따라서 모델 생물체에 대한 연구 결과는 동시에 사람의 유전자 기능을 이해하는 데 가장 중요한 수단이 된다. 생물학적으로 사람은 포유류에 속한다. 지금까지 우리가 알고 있는 쥐의 유전자는 사람의 것과 비슷하며 최소한 질적인 차이가 아직 발견되지는 않고 있다. 무엇보다도 모든 실험 동물 중에서 쥐는 사람과 가까운 존재가 되고 있다. 일부 실험 방법에서는 쥐, 토끼, 돼지, 고양이, 개 등이 더 적당한 것으로 알려져 있다. 그러나 지금까지 배아줄기세포를 체외에서 배양하는 것은 쥐에서만 성공하였다. 이것이 계기가 되어 전이된 유전자를 가진 동물에게 특정 방향으로 변이를 일으켜서 유전자를 만드는 것이 가능하게 되었다. 이러한 기술은 여러 분야에서 의학 연구에 많은 공헌을 하고 있다.

발생생물학 분야에서 동종(homology) 유전자가 파리와 어류에서는 어떻게 반응하는지, 어떤 파트너와 작용하는지, 비슷한 기능을 하는 다른 유전자들이 더 있는지, 사람에도 같은 유전자가 있는지 등의 중요한 정보를 많이 얻을 수 있었다. 모델 생물체에서의 연구는 결과를 관찰할 수 있으나, 사람의 경우에는 직접 실험하여 결과를 얻을 수는 없다. 그렇지만 새로운 발견은 가능하게 한다. '사람도 파리나 쥐의 경우와 같은지?'라는 질문에 대한 답은 사람을 대상으로 직접 실험하는 것보다 쉽게 얻을 수 있다.

## ❶ 생식세포의 생성

### 성의 결정

포유류에서는 Y-염색체에 의해 성이 결정된다. 정확히 말하면 Y 염색체의 sry 유전자에 달려는데, 생식선에 따라서 남자에서는 정소가 되고 여자에서는 난소(ovary)가 된다. 드물게 나타나지만 sry 유전자가 X-염색체에 운반되어 난소 대신 두 개의 X-염색체 정소가 만들어지기도 한다. 배 발생 단계에서 신장 옆에 있게 되는 남자의 정소는 sry 유전자의 영향 하에 성호르몬인 테스토스테론(testosterone)을 생산하기 시작한다. 이 호르몬은 혈액을 통해 온 몸에 전달되고 남성의 대표적인 특징이 된다. 테스토스테론이 없으면 여자의 난소에서 대신 여성적 특징을 가능하게 하는 다른 호르몬을 만든다. 이것은 매우 흥미로운 사실로 남자와 여자를 다르게 하는 것은 여러 유전자가 아니라 한 개의 유전자라는 것이다. 성적 특징은 호르몬을 통해 표현되는데 이 호르몬은 어떤 유전자가 어떤 기관에서 작용할지 시그널 전달로 결정된다. sry 유전자(Y 염색체의 다른 유전자들은 특히 정자 생성에 필요하다) 외에 다른 유전자들은 남성과 여성 모두에서 같게 나타난다. X-염색체는 매우 일반적인 염색체로 여성은 X-염색체를 두 배로 가지고 있고 남성은 그렇지 않다. 여성이 되는 배에서는 발생 초기에 모든 세포에서 두 개의 X-염색체 중 한 개는 계속해서 멈추어 있게 되는데, 어느 염색체가 멈추게 되는지는 우연히 결정된다. 이러한 'X-불활성화'를 통해서 딸이든 아들이든 똑같이 X-염색체에 있는 유전자를 효율적으로 사용할 수 있게 된다.

나중에 난자와 정자를 생성하는 원시 생식세포들은 50개의 세포로부터 한 그룹이 만들어지고 포배기에 난황으로부터 낭배로 형성되면서 생식선과 연결된다. 이러한 원시 생식세포는 이동하면서 여러 차례 분열하게 된다. 배아 발생 시점부터 미래의 난자세포들이 만들어질 부분이 자리를 잡지만 정자의 경우는 다르다. 정자세포는 사춘기 이후에 많은 양이 지속적으로 생산된다. 성인 여성 한 명이 일생 동안 만드는 난자세포는 약 400개다. 포유류에서 난자들은 난황과 구별되는데 난자세포는 보통 세포보다 100배 정도 크다. 난자의 세포질에는 100개의 배반포세포로 발전되는 데 필요한 성분들이 있다. 이와 달리 정자는 한 개의 세포핵과 운동이 가능하게 하는 긴 꼬리로 되어 있다. 사람의 경우 몇 백만 개의 정자 중 한 개만이 한 개의 난자세포와 수정된다.

### 감수 분열

원시 생식세포는 이배체로서 23개인 사람의 염색체를 두 배로 가지고 있으며, 남자는 2개의 X-염색체 대신 Y-염색체가 있다. 성숙한 생식세포들인 난자 세포와 정자 세포들은 일배체이며 각 염색체를 쌍으로 가지고 있지 않다. 이배체에서 일배체로 되는 과정을 감수 분열이라 한다. 세포염색체가 이배체인 세포가 감수 분열을 통해 두 개의 일배체 세포로 나뉜다. 첫 번째 감수 분열에서 딸세포들은 각 염색체에서 한 개씩, 이것은 길이가 두 배로 증가하였고 재조합되었다. 연이어서 일어나는 두 번째 감수 분열에서는 일반적인 체세포 분열과 같으며 염색체들이 늘어난다(그림 39).

감수 분열은 매우 복잡한 과정이며 염색체에서는 가끔 분열이 잘못된다거나 끊어지기도 한다. 재조합 과정에서 발생하는 사고들은 난소 또는 정소에서 특별한 수선효소에 의해 인식된다. 이러한 생식세포들은 세포사멸 작용에 의해 제거된다. 여성이 나이가 들수록 난자세포가 성숙함에도 불구하고 염색체를 너무 많거나 혹은 적게 가지고 있는 경우가 종종 발생한다. 이러한 염색체들의 문제를 이수체(aneuploid)라 하며 태아의 기형과 불임의 원인이 되기도 한다.

이러한 것들의 원인은 동질 염색체들이나 두 차례의 감수 분열에서 염색분체가 분리될 때 잘못되는 것에 있기도 하고 난자 세포의 핵에 염색체가 두 배로 존재하거나 전혀 없을 때에도 가능하다. 반수체인 정자와 수정되어 배가 생성되고 가끔 염색체가 세배체이거나 일배체인 경우도 있다. X-염색체를 제외하고 일배체는 항상 치명적인데 태어나기 전, 일정한 시점에서 발생 과정이 멈추게 된다. 삼배체의 경우에도 대부분 자궁 안에서 죽거나 태어난 후 곧 사망하게 된다. 21번째 염색체가 삼배체인 경우는 예외가 되는데, 즉 다운증후군으로 나타나게 된다. 21번 염색체는 가장 작은 염색체에 속하고 매우 적은 양의 유전자를 가지고 있다. 양이 너무 많으면 배가 성장하여 태아로 태어날 수도 있지만, 아이가 성장하면서 의식과 인식 능력에 분명히 문제가 있을 것이며, 출산 전에도 일반적인 경우와 다른 점을 육안으로 확인할 수 있다.

### 정자와 난자

새로 태어나는 아들의 몸에 있는 정소에는 이배체 정자 줄기세포들이 이미 저장되어 있다. 정자는 사춘기에 생성되기 시작한다. 줄기세포들은 분열하여 다시 한 개의 줄기세포와 정자모세포가 되는데 이들은 다시 여러 차례 분열한다. 각 정자모세포에서는 감수 분열 후 4개의 반수체 정자가 생성된다. 이 과정은 남자가 살아 있는 동안 연속적으로 반복된다.

여자의 경우 감수 분열 후 만들어지는 4개의 반수체 중 단 한 개만이 난자세포가 되고, 나머지들은 극체로 끝에 모여지고 사라지게 된다(그림 51). 갓 태어난 여자 아이의 난소에는 이미 몇 만 개의 성숙되지 않은 난자세포들이 있는데, 이들은 이미 첫 번째 감수 분열 과정 중에 남겨지게 된다. 줄기세포 분열은 이미 끝난 상태다. 다른 포유류의 경우 수정 가능한 시기가 계절에 따라 있는 것과 달리 사람의 경우에는 매달 수정이 가능하다. 사춘기가 시작되면 난소에서 매달 한 개의 난자세포가 성숙된다. 이 세포는 많은 여포세포에 둘러싸여 있으면서 이들과 함께 여포(follicle)를 형성한다. 난자가 성숙되는 동안 난자 세포는 자라서 직경이 10~100 마이크로미터로 커진다. 난자 세포는 투명대라고 하는 맑은 껍질로 싸여 있는데 이것은 세포외기질에서 발생된 것이다. 감수 분열 후 완전한 염색체 세트를 가지고 있는 딸핵에서는 세포질 없이 극체

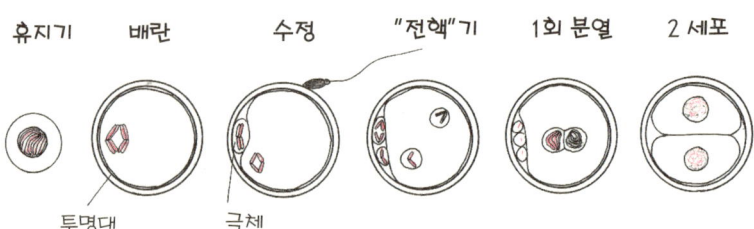

**그림 51 수정.** 난자가 성숙하면서 감수 분열에 의해 형성된 4개의 반수체 중 단 한 개만이 난자세포가 되고(그림 39) 나머지는 극체로 분리된다. 수정되는 과정에서도 난자는 감수 분열 과정에 놓여 있다. 두 개의 전핵이 도착하면 염색체들이 두 배가 되고 첫 번째 세포 분열이 일어난다. 여기에서는 단 한 쌍의 염색체를 묘사하였다.

가 자리 잡는다(그림 51). 난자세포가 수정이 될 준비가 되면, 여포에서 난자가 공급되어 난소로 전달되는데, 이러한 현상을 배란(ovulation)이라 한다.

## 2 난자에서의 발생 과정

### 배반포 형성 과정

수정은 수란관에서 일어나는데 정자의 머리 부분과 중심립은 투명대를 통해 난자세포로 들어간다. 감수 분열이 우선 완성되고 여기에서 두 번째 극체가 일배체 염색체에 부딪히게 된다. 난자세포가 있는 곳으로 정자가 움직여서 서로 만나게 되면 염색체는 이배체가 된다. 여기에서 접합체의 첫 번째 세포 분열이 시작된다. 사람의 경우에는 세포핵이 풀어지지 않고 접합체가 직접 분열된다. 첫 단계에서는 양쪽에서 온 염색체가 같이 세포핵으로 들어가서 이세포 단계가 된다(그림 51).

세포 분열, 세포 응집이 계속되면서 분열 후 배반포(blastocyst)가 생성된다. 이것은 납작해진 영양외배엽세포에서 상피층이 만들어지고 배내에 액체가 만들어져 분비되면서 배포강이 만들어진다. 이는 내부 세포 그룹을 둘러싸는 구조가 된다. 여기에서 나중에 배아와 배아의 외막 그리고 난황 주머니, 양막이 만들어진다.

### 착상

수란관 위쪽에서 수정된 포유류 수정란은 수란관을 따라 자궁벽 내 착상 부위로 내려오면서 난할이 시작된다. 난할이 반복되면서 배반포가 되고 배낭기 세포들에서는 영양외배엽의 상피층이 만들어진다. 이때 배낭기의 배는 투명대에 싸여있게 되고, 난할이 진행되면서 투명대로부터 배반포가 분리되고 영양외배엽 세포에서 만들어진 효소들이 분비된다. 이때 여러 가지 자궁점막의 세포외기질들과 배반포 표면에 있는 인데그린(intergrine)들이 작용하여 배반포는 자궁 내 벽에 달라붙게 된다(그림 52). 이렇게 착상이 되면 수정된 5번째 날 자궁에는 호르몬이 준비된다.

### ③ 자궁에서의 변화

#### 태반

자궁 조직에서는 배가 가지고 있는(배에서 합성된) 효소(단백질)들이 작용하여 착상을 유도하게 된다. 여기에서 자궁점막의 세포외기질이 분비되어 배반포 형성을 유도한다. 영양외배엽 세포들은 자궁에서 자리를 잡게 된다. 이들은 세포들이 융해되어 4개의 핵을 보유하는 합포성 영양막(syncytiotrophoplast)이 된다. 배외 중배엽에 나중에 추가되는 세포들과 함께 장막(chorion)이 생성된다. 이 중에서 한 쪽에는 배를 감싸고 다른 쪽에는 장막 모양으로 모태의 자궁 조직 안으로 깊이 파고들어가게 된다. 장막 조직은 자궁점막 세포와 연결되어 태반으로 발전한다. 자궁에서는 내부세포 조직이 만들어져 혈액이 통과하게 된다. 이것은 다시 배세포의 효소들에 작용하여 모태의 혈관들과 연결된다. 나중에는 장막에서 모태

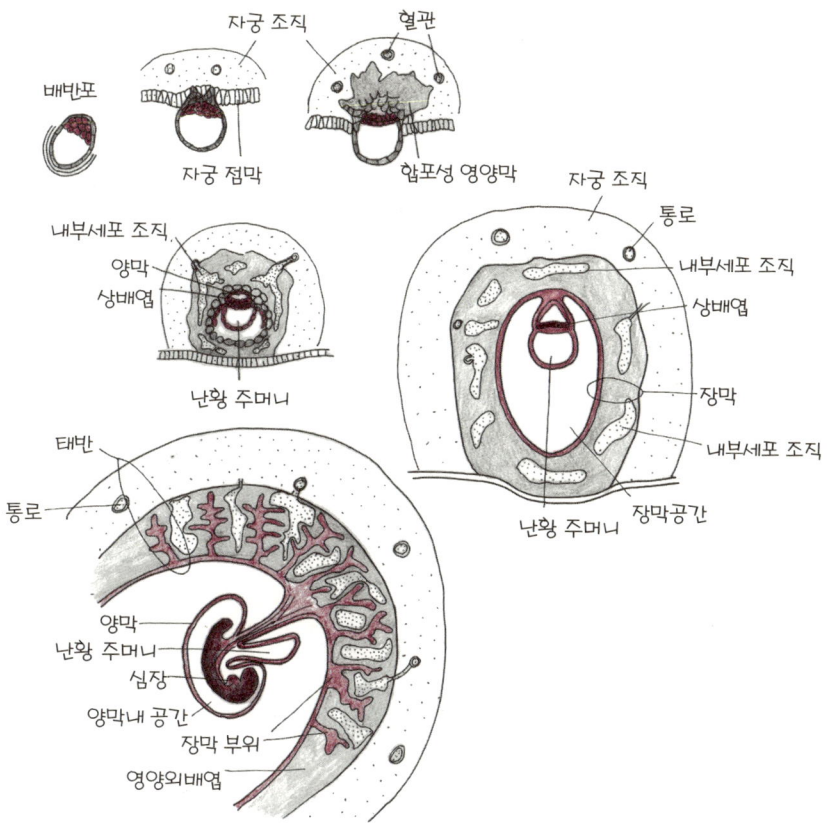

**그림 52 착상과 배아 외부 껍질.** 배반포는 투명대에서 분리되면서 이들은 자궁점막피부에 달라붙어서 안으로 들어간다. 영양외배엽세포에서 합포성 영양막이 생성된다. 내부에 있는 세포들은 배아의 조직 양막과 난황 주머니를 생성한다. 이들은 달걀이 부화하는 것과 비슷한 과정을 가지고 있다. 착상 후 장막이 우선 성장하고, 여기에서 장막 공간이 생성된다. 배아는 장막과 통로를 통해 연결되어 있기 때문에 배아 외부조직을 덮어서 연결한다. 원래 배는 계란 배에서 원조를 만들듯이 상배엽에서 생성되고 이것은 낭배형성 과정으로 연결된다. 나중에는 양막이 배아 위로 확장되고 배꼽으로 연결되는 혈관과 난황 주머니로 뭉쳐진다. 적색 : 내부세포질, 회색 : 영양외배엽 세포에서 생성, 점 : 모태의 조직

와 배 간에, 작은 혈관들을 통해 내부세포 조직에서 물질교환이 일어나는 배아 혈관이 형성된다(그림 52). 여기에서 모태와 배의 혈액은 섞이지 않는다(혈액이 자주 흘러나와서 배의 혈액이 모태 혈관으로 들어가기도 한다). 영양물질, 산소, 항체도 배로 전달되고, 요산, 이산화탄소 같은 대사분해물질은 모태 혈액으로 운반된다. 혈액의 재생은 모태의 기관에서 실시된다. 태반에서는 두 개체 간의 공동작업이 지속적으로 시그널이 교환되면서 일어나는데, 배아의 인자는 자궁점막세포의 혈액순환을 촉진하고 모태로부터 오는 성장인자는 배아의 발생을 촉진한다. 시그널이 전달되지 않으면 배아에서 혼란이 생긴다.

### 배아의 형성

착상 후 내부의 세포질로부터 우선 이중구조가 만들어지는데 이는 계란의 배반과 비슷하다. 내부막의 세포들은 확장되고 영양외배엽의 내부 벽을 뒤덮게 된다. 이것은 닭의 난황 주머니에 해당되는 부분이다. 이것의 윗부분이 되는 상배엽에서는 피부 조직, 양막이 되는 양막세포(amnion cell)가 생성되고 이 공간은 액체로 채워지게 된다(그림 52). 상배엽이 계속해서 '원래의 배아'로 발전되게 되는데 우선 원조(primitive streak)를 생성하여 낭배형성 과정으로 연결되며 2주 후에는 배엽이 생성된다. 체절과 머리, 신경 조직 기관들도 이미 생성되고 심장은 뛰기 시작한다. 양막은 배위로 확장되면서 감싸는 구조가 된다. 여기에서 난황 주머니와 혈관은 배꼽으로 뭉쳐 모이게 되고 배아의 혈관 시스템은 태반과 연결된다(그림 52). 수정 후 5주 정도 지난 이 시점에서 배의 크기(몇 mm 길이)가 매우 작음에도 불구하고 많은 부분이 형성되었으며 계속해서 성장하여 배기관이 최종적으로 분화된다.

모태의 혈액과 배아 간의 연결이 중요한데, 특히 조직과 기관들이 만들어지는 초기 임신 기간에는 구조와 기능이 불안정하다. 따라서 잘 알려져 있는 임신구토증 등은 배아에 영향을 줄 수 있는 독성으로부터 보호하기 위해 나타나는 작용으로 보여진다. 빈번하게 발생하는 것은 아니지만 약물이 태아에 영향을 주었던 사건이 발생한 적이 있었다. 탈리도미드(Thalidomid, 콘터간(Contergah)은 탈리도미드 성분이 함유된 대표적인 의약품이다.)의 경우 팔의 생성을 억제하였는데, 임산부가 임신 4주에서 5주 사이에 이 약을 먹게 되면 이러한 작용을 하였던 것으로 알려져 있다. 니코틴, 알코올, 코카인 등은 이와는 달리 임신 전 기간에 걸쳐 영향을 주는 것으로 알려져 있는데, 뇌의 기능과 생성은 계속해서 발전하기 때문에 이때 특히 악영향을 주게 된다. 모태와 배아의 혈액 간 경계선에서 분자량이 큰 물질은 통과되지 않지만 태반의 작은 혈관에는 모태가 가지고 있는 바이러스 등이 통과되어 태아에게 전달될 수 있다. 배아에는 아직 면역 시스템이 없다. 배아는 일반적으로 배아 혈관에 연결되는 특정 운반 과정을 통해 전달된 항체를 통해 감염되는 것을 막는다.

### 쌍둥이

사람의 경우 배아발생 과정과 세포의 발생 가능성에 대해 정보를 줄 수 있는 실험이나 연구 결과는 없다. 그러나 쌍둥이가 되는 과정을 관찰함으로서 흥미로운 사실들을 추정할 수 있었다. 외모가 다른 이란성 쌍둥이는 두 개의 난자세포가 수정됨으로써 가능하다. 이들은 처음부터 분리되어 각각 스스로 장막을 만든다. 이와는 달리 일란성 쌍둥이는 유전적으로 동일하며 수정된 난자세포가 후세에 다시 나뉘어서 형성된다. 배아세포의 외부막이 되는 장막, 양막을 관찰한 결과 어느 시점에서 배아가 분열되었는지 추정할 수 있었다. 대부분의 쌍둥이는 이란성으로 각자 장막을 가지고 있으며 이것은 낭포가 생성된 후 나뉘어졌다는 것을 의미한다. 쌍둥이가 형성될 수 있는 다른 시점으로써(드물게는 같이 성장하기도 하지만) 낭배형성이 시작되기 바로 전인, 대략 수정 14일 후에 양막이 되어야 가능하다(그림 53). 이것은 상배엽의 세포들이 아직 서로 다른 두 개의 개체를 생성할 수 있으므로 그 시점까지는 두 개의 배아가 아니었다는 것을 의미한다. 이때까지 이들의 앞으로의 운명이 정해지지는 않았을 것이다.

    쌍둥이 형성 과정을 관찰하면 환경을 통해서 어떤 변화가 일어나는지, 어떤 특징들이 얼마나 많이 유전자들에 의해 이루어지는지 등을 이해할 수 있기 때문에 매우 흥미롭다. 일란성 쌍둥이들은 여러 가지 기준으로 비교할 때 형제들보다 더 비슷하다. 이러한 특징을 가지는 것은 유전자의 영향이다. 무엇보다도 동시에 모태 자궁에서 자랐다는 사실을 생각하게 한다. 동물이나 사람에서 어떤 점이 얼마나 많이 일치하는지에 대한 연구는 아직 이루어지지 않았다. 그럼에도 불구하고 일란성 쌍둥이들의 특징이 완벽하게 같

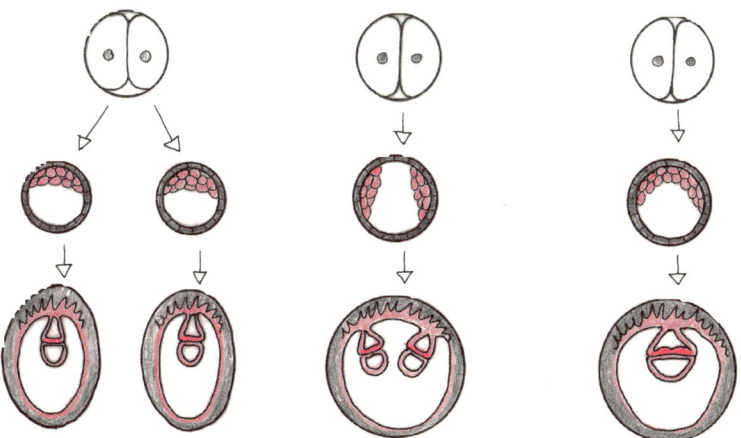

**그림 53 일란성 쌍둥이.** 일란성 쌍둥이들은 배아세포 발생 과정에서 배아가 분열되어 나뉘면서 형성된다. 세포들이 초기에 나뉘면 두 개의 작은 낭포가 형성되고 이들은 다른 세포와 같이 발정된다(왼쪽). 일반적으로 낭포에서 내부의 세포질이 나뉘게 되고 두 개의 배아가 장막(가운데)에서 생성된다. 상배엽에서 나뉘게 되면, 양막을 함께 가지고 있는(오른쪽) 두 개의 배아가 생성된다. 만일 이렇게 완벽하게 나뉘지 않으면 샴 쌍둥이가 형성된다.

은 경우는 드물다. 이것은 결국 교육, 개인적인 경험 등 환경적인 요소가 매우 중요함을 의미한다.

### 출생

전체 임신 기간 중 배아세포와 모태 자궁과의 연결은 매우 밀접하므로, 분리하게 되면 배아와 모태 양쪽에 심각한 피해를 주게 된다. 모태 밖에서 배아는 매우 짧은 시간만 생명을 유지할 수 있다. 사람이 출생하는 시점은 다른 포유류와 비교하면 이른 편이며 사람과 비슷한 종들도 이와 비슷하다. 임신 기간이 몇 개월 더 연장되어도 적당할 것이다. 인류의 경우 이렇게 일찍 출생한다는 사실은 출생 시에 머리가 매우 크고, 출생 후 계속 성장하는 사실로 설명될 수 있다. 9개월 이후에는 언제 낳아도 생명에 지장이 없다. 태아가 조기 출생하게 되면 몇 가지 중요한 결과를 남기게 된다. 사람의 태아는 다른 동물의 새끼보다 덜 완성된 상태로 보이지만 출생 시에 사람의 모습은 이미 갖추어져 있다. 이를 위해서 사람의 경우 모태로부터 독립하여 존재할 때를 위해 출생 전에 몇 가지 과정이 일어난다. 이러한 것의 하나로 많은 감각 기능이 형성된다. 이 감각 기능이 단순히 자발적으로 계속되는 것은 아니고 많은 부분이 경험과 태아에 자극을 준다. 예를 들어 감각 기관 사이에 연결되어 있는 신경인 눈과 뇌의 인식 부분은 출생 후에 천천히 감각 기관의 사용에 따라 발전한다. 우선 신경 시스템에서 많은 연결 부분들이 자극되는데 이는 사용되면 감각자극이 활성화되어 남아 있게 되는 것도 있고 세포사멸 작용으로 사라지는 것도 있다. 감각 기관의 발전시기에 자극이 없으면 신경 연결도 없어지게 되고 나중에 회복도 어렵게 된다. 무관심 속에서 자란 아이들의 경우를 보면, 외부로부터의 자극과 노력은 사람이 일반적으로 가지고 있는 능력을 개발하는 데 무조건 필요하다는 것을 알 수 있다. 배울 수 있는 능력이 사람을 개발하고 발전시키는 데 필수적이다. 사람의 특징은 말은 유년기가 길어 많은 것을 배울 수 있다는 것에 있다. 사람의 특징이 말이라는 것은 태어나면서 언어를 구사할 수 있는 것이 아니라, 언어를 배울 수 있는 능력을 가지고 태어난다는 것이다.

### ❹ 유전자와 질병

한 가족에서 아버지, 어머니, 아이들에게서 나타나는 많은 유전적 특징들이 있는데, 이들은 외모적으로 문제가 있는 반면 특별한 재능을 가지고 있는 경우도 있다. 여기에는 일자 눈썹, 앞으로 나온 턱, 새치, 귀머거리 등 다양하다. 이러한 현상들의 원인은 1,000세대 또는 더 많은 세대를 거쳐 언젠가 한차례 일어났을 돌연변이에 있다. 항상 새롭게 일어나는 변이도 있다. 어떤 변이는 치유가 불가능한 질병의 원인이 되기도 한다.

#### 유전병

특정 유전자가 변이되어 발생하는 질병(단일 유전자(monogene) 이상)은 흔하지 않다. 이들은 멘델의 법칙에 따라 세대 간에 계속 전달된다. 이러한 유전자에서 일어나는 변이는 배아에서 발생되어 표현되지 않고 죽음에 이르기도 한다. 알려져 있는 열성 유전병은 늦어도 출생 과정에서 표현형으로 나타난다. 이러한 태아들은 출생 후 일년 이내에 죽는 경우가 많다. 대개 질병의 영향력이 별로 없어서 가족을 계속 유지할 수 있는 경우에 우성이 되는 변이주가 유전되는데, 이러한 질병들은 일반적으로 헌팅톤 무도병이나 치매같이 나중에 나타나게 된다.

열성형 유전병은 우연히 또는 특정 사회 그룹 간에 결혼하여 부부가 같은 유전자상에서 이형접합체로 변이가 일어날 때 발생된다. 접합체에서는 25% 확률이 된다. 중부 유럽에서는 낭포성 섬유증(cystic fibrosis)이 특히 자주 발견되는데, 이 병은 22명의 성인 중 한 명꼴로 이형접합자 전달자이며 개인에 따라 차이는 있지만 대게 호흡기에 점막이 두꺼워져서 어린 나이가 죽게 된다. 이 유전자를 가지고 있는 대부분의 사람들은 같은 대립유전자를 보이므로 같은 변이가 일어난 친척 간이거나 조상이 같다는 것을 의미한다.

X-염색체와 연결된 열성 유전자병은 유전되는 특정 과정이 있는데 X-염색체에만 있으므로 남자에서만 나타나게 된다. 이 병은 스스로는 아프지 않으면서 전달만 하는 이형접합자 모태로부터 전달된다(X-염색체 유전 과정, 그림 11). 이러한 질병의 예로는 유명한 혈액병인 혈우병과 여러 형태의 발육이상이 있다.

특정 유전자가 변이되어 발생되는 질병의 발병은 필연적이지만 증세의 정도는 다르게 나타날 수 있다. 이것은 같은 유전자라 해도 유전적 레파토리와 여러 가지 환경적 요인이 발병 과정에 영향을 주기 때문이다. 오늘날은 유전병의 원인이 되는 많은 유전자들의 분자 구조가 잘 알려져 있다. 가족력을 조사해보면 유전체에서 변이된 위치를 알아낼 수 있고 유전자의 클론으로 만들 수 있다. 유전자 분석으로 정확한 진단이 가능하게 되었다. 가끔 예상되는 단백질의 분자 구조를 통해 병의 증세를 추측할 수도 있다. 일부 유전병들은 유전자 분석을 통해 증세의 원인이 밝혀지기도 하여 치료법도 연구되었다. 그러나 유전병의 치료법이나 가능성이 지속적으로 보이지 않는 경우도 자주 있다.

### 유전자의 위치

사람에게 빈번하게 발생하는 질병은 유전자의 위치 변경이 원인이 되는 경우가 많다. 이것은 특정 암, 치매, 우울증이나 신경쇠약 같은 정신병, 물질대사 이상 등에서 발견되고 있다. 이러한 병에서는 너무나 복잡하여 아직 다 알려지지는 않았고 과연 전부 알려질 수 있을지 미지수이지만 여러 가지 유전자가 한 가지 또는 다른 형태로 작용하는 것이 원인일 것으로 추정된다. 이러한 병들은 단일 유전자로 작용하는 질병들과는 달리 증세와 과정에 대한 예측이 어렵다. 일란성 쌍둥이의 경우 둘 모두 100 % 나타나는 심한 단일 유전자 질병들과는 반대로 유전자의 자리바꿈으로는 최대 50%이상 일어나게 되면 환경적 요인의 영향도 비슷한 수준으로 작용하게 된다.

### 유전자와 암

암은 유전자에서 돌연변이가 발생하는 것이 원인이 되어 발생하는 것으로 알려져 있다. 그러나 이러한 경우 몸을 만드는 체세포에서 우연히 새로운 변이가 발생하여 원인이 된다. 따라서 암은 예측이 어렵고 피할 수 있는 확실한 방법이 없다.

보통 건강한 육체의 모든 체세포들은 제한된 시간만 생존하는데 이들의 분열하는 능력은 태어나면서부터 제한되어 있다. 사람의 섬유조직세포들을 배양하면 최대한 50회까지 분열하고 다른 세포들은 더 적다. 섬유조직에서 세포들은 지속적으로 영향을 주어 세포의 미래를 제한한다. DNA 자가복제 과정에서 문제가 발생하면 계획되었던 세포사멸이 실행된다. 세포 분열은 성장인자의 작용으로 유발되기도 한다. 세포 분열이 연속되는 것을 다른 인자가 억제하는 기능도 있다. 이때 조직세포는 평형을 이룬 생태 시스템같이 작용하는데 각 세포는 이웃한 세포와 지속적으로 반응하면서 질서를 유지한다. 이렇게 질서를 유지하는 능력을 잃은 세포가 암세포다. 암세포는 생명체에 치명적인 영향을 미치는 두 가지 특징으로 정의할 수 있다. 첫 번째는 성장과 세포 분열 과정에서 제어 매커니즘에 대해 반응하지 않고 무한적으로 분열한다. 두 번째는 원래 속해 있던 세포 조직에 있지 않고 분리되어 새로운 조직으로 이동한다. 이들은 혈액순환을 자극하여 건강한 조직 세포로 하여금 암세포를 위해 작용하도록 유도한다.

종양 생성의 원인은 특정 유전자의 변이에 있는데 이들은 딸세포에 계속해서 전달된다. 종양은 원래 변이된 세포로부터 발생되어 클론을 형성한다. 단지 특별한 경우 단 한 개의 유전자가 변이되어 발생하는데 일반적으로 다 자란 종양세포에서는 6개~7개의 유전자에서 변이가 발견되었다. 대부분 종양세포의 발생은 여러 단계를 거치는데 한 세포에서 첫 번째 변이가 일어나면 성장에 긍정적으로 작용한다. 이러한 클론에서 다음 변이가 일어나면 역시 성장을 촉진하여 이들 세포들이 훨씬 많은 세포들을 만들도록 하고 계속해서 변이가 일어나도록 한다. 한 세포에서 일어나는 여러 가지 체세포의 변이는 시간이 걸린다. 따라서 암 발생률은 나이에 비례하여 높아지는데, 암 발생률을 높이는 물질은 돌연변이 유발 물질들이다.

암세포를 유발하는 변이는 유전자에서 나타나는데 세포의 발생과 생장을 조절한다. 이들은 성장, 세포의 죽음, DNA를 고치는 작용(수선)이나 세포 분열에 관계하는 단백질을 코딩한다. 암의 원인이 되는 변이에는 두 종류가 있는데 시그널 체인에 작용하는 단백질을 변화시키기 때문에 성장인자가 성장 활성화에 더 이상 영향을 주지 않게 하지만 구성된다. 이렇게 변이된 유전자들은 종양유전자(oncogene)라 하며 이들의 변이되지 않은 자연적 상태를 원종양유전자(protooncogene)라 한다. 이러한 변이는 우세하고 시그널 전달 과정의 한 부분에 연결되어 있는 단백질의 조절부위가 되는데 라스(ras)를 예로 들 수 있다. 라스 유전자에 변이가 일어나면 이들은 여러 가지 시그널 전달 경로에 관여하고 이는 많은 사람에게서 발생하는 종양세포를 통해 증명되었다. 변이로 인해 염색체가 상하게 되는 경우가 많은데 코딩되는 부분이 외부로부터 제어되어 더 이상 원래의 작용을 할 수 없게 된다. 종양 바이러스들도 이러한 유전자의 조각들을 전달할 수 있으며 암의 원인이 된다. 변이 과정에서 두 번째로 자주 발견되는 타입은 종양억제 유전자(tumor suppressor gene)에 있다. 여기에서 단백질은 성장을 억제하는 기능을 수행하는데, 이 단백질이 없으면 암으로 발전될 수 있다. 이러한 종류의 유전자를 예로 들면 Rb 유전자 p53이 있다. Rb 유전자는 세포 주기의 마지막 단계에서 멈춤 시그널로 작용하기 위해 코딩하고 모든 세포 분열에 관여한다. 이 유전자가 없어지면 세포는 계속해서 분열하게 된다. p53 단백질은 DNA 자가복제 기간 중에 문제가 발생했는지 확인하는 단백질이다. 자가복제 과정에서 문제가 발생된 것이 인지되면 p53은 세포사멸로 연결하여 문제가 있는 세포를 없애 버린다. p53 유전자에서 일어나는 변이는 두 가지 문제를 동시에 야기하는데, DNA 상에 문제를 가지고 있는 세포가 계속 생존하게 되어 변이된 세포가 늘어나게 된다. 두 번째로는 세포사멸이 일어나지 않으므로 문제의 세포가 무한적으로 분열하게 된다. 많은 종양세포에서 p53 변이가 발견되고 있다.

많은 종류의 암세포에서 일정한 과정에서 역할을 하는 변이 유전자가 발견되고 있다. 일반적으로 대장암의 경우 대장벽은 줄기세포에 의해 계속해서 재생하는 것에 관여하는 윙리스 시그널 경로에서 변이가 일어나는 것이 원인인 것으로 알려져 있다. 암세포의 형태는 여러 단계를 거쳐 변화한다. 암세포는 유전자의 위치를 바꿈으로 주기가 촉진될 수 있다. 이것은 6 또는 7가지 변이가 배반에서 일어나면 각 세포에서는 5 또는 6개를 더 필요로 하는 것으로 설명된다.

파리나 예쁜 꼬마선충에서 발견된 많은 발생 유전자들은 사람의 종양 유전자나 종양억제 유전자와 동일하므로, 이들의 유전자를 이용하여 다른 요소들을 찾고 각 세포들이 딱딱해지는 분자생물학적 과정을 설명하는 것이 가능하다. 이는 치료 방법을 찾을 수 있는 가능성을 열어주는 중요한 연구이다.

# IX 진화, 설계도와 유전자

**동물들은** 여러 가지 다양한 형태를 가지고 있다. 동물 조상들의 형태와 구조는 현재의 생물체보다 단순하였는데, 이러한 조상들로부터 지구의 역사와 함께 여러 모양으로 변화하였다. 생물학에서는 이러한 형태들이 어떻게 형성되었는지 그리고 새로운 환경에 적응하면서 어떤 새로운 구조가 만들어졌는지에 대해서 재미있는 질문이 나왔다. 연구자들은 현존하는 생물체에 대한 정보만을 가지고 있다. 따라서 중간 형태와 공동의 조상을 가지고 있다면 그 조상들은 이미 더 이상 존재하지 않으므로 이런 문제의 답을 찾는 일은 매우 어렵다.

유사한 모양과 다른 모양에 따라 동물의 종류를 그룹으로 분류할 수 있었다. 이 분류에서는 친척관계를 표시할 수 있는데 이러한 그룹의 모든 개체를 분류군이라 하며, 이들은 조상이 모두 같다. 가장 큰 분류군들은 약 30개의 개체를 가지고 있다. 종류가 가장 많은 동물들은 선형동물의 한 강인 선충류(Nematode), 환형동물(Annelida), 연체동물(Mollusca), 절지동물(Arthropoda)과 척색동물(Chordate) 등이다. 척색동물의 가장 큰 강은 척추동물이다. 이들은 다시 5개의 목(order)으로 나뉘는데 어류, 양서류, 파충류, 조류와 포유류 등이다. 호모 사피엔스(Homo sapiens), 즉 인간은 포유류에 속한다.

이러한 친척 관계는 성숙되었을 때의 모양보다는 배아일 때 더 유사하다는 것이 분명히 나타난다. 동물의 구조는 동물체가 스스로 영양을 취하기 전과 완전히 성숙되기 전, 배아 상태에서 가장 잘 알아볼 수 있다. 이것은 비교적 단순한데 동물이 생존하려면 필요한 동물 특유의 특징이 아직 만들어지지 않았기 때문이다. 가족도의 기준보다 자주 배아의 특징과 아직 성숙되지 않은 상태의 동물체의 특징을 참고하기도 한다. 예를 들면 척추동물을 유양막류(척추동물 분류에서 가장 높은 곳에 있으며, 파충류, 조류, 포유류가 있음)로 분류하고 여기에는 파충류, 조류, 포유류, 양서류, 어류 등이 속하고, 곤충류에서도 양막은 보호 기능이 있는 외부배막을 형성한다. 척추동물에서 같은 조상을 가지고 있는 종들은 양막이 유사하며 곤충 배아의 경우에도 무엇으로부터 어디에서 발생되었는가 보다는 비슷한 기능으로 분류된다. 동물을 분류할 때 어려움이 많은데 그 이유는 동물의 경우 일정 기능이 원래부터 없었을 수도 있고 나중에 기능이 퇴화하였을 수도 있기 때문이다.

즉, 많은 요건으로 동물들의 친척관계를 추정해야 한다는 것을 의미한다. 분류학에서 객관적인 기준을 외부에 나타나는 형태보다 분자생물학적 특징을 기준으로 삼는다면 가장 확실할 것이다. 상동 유전자(homology gene)에서는 어떤 염기(base)가 얼마나 자주 교환되었는지 비교한다. 공식적으로 인정되고 있는 방법으로 보존되고 있는 유전자를 구성하고 있는 염기서열을 분석하여 비교하는 방법이 있다. 염기서열 분석 시에 기능이 없는 것으로 나타나는, 즉 선택되지 않는 DNA 조각의 염기서열을 분석하는데 이러한 유전자 선택이나 교환 작용은 우연히 발생하므로, 표현형에는 영향을 주지 않아서 나타나지 않는 것으로 보고 있다. 이러한 변이가 한 번 발생하면 모든 후손에게 전달된다. 분류학에서는 비교적 관련이 없는 것으로 보이는 생물체들 간에 유전자의 특정 염기에서 리보솜 RNA(ribosomal RNA)를 만든다. 가까운 종들은 미토콘드리아 DNA(mitochondrial DNA)의 염기서열을 분석한다. 미토콘드리아 DNA의 유전자 크기는 작지만 세포의 에너지 이용 등 복잡한 반응에 관여하고 있다. 난자세포의 세포질에서 다음 세대로 전달되는데 정자에는 미토콘드리아가 없다. 미토콘드리아 내에서는 재조합이 되지 않으므로 특정 변이 조합은 계속해서 전달된다.

## 1 동물의 발생

형태학적(morphological) 특징같이 발생에 관여하는 상동 유전자 간에도 유사함이 있으므로 친척 관계를 결정하는 기준으로 삼고 있다. 형태는 놀라울 정도로 다양하고 서로 다른 동물의 유전자 간에도 매우 유사한 부분이 있다. 외모가 달라지면 새로운 유전자가 나타날 것이라고 추정할 수 있다. 이러한 분자생물학적 친척관계는 세포를 구성하고 있는 단백질들이 같은 물질에서 시작했다는 것을 의미한다. 동물이 단세포 동물에서 진화하였고 단세포 동물은 박테리아로부터 진화하였으므로 세포의 구성과 물질이 같다는 것은 놀라운 일이 아니다. 이것은 동물의 여러 가지 구조들을 결정하는 메커니즘들이 정해져 있는데, 예를 들면 위, 아래, 앞, 뒤 위치, 방법, 눈과 다리의 위치 등이 이미 정해져 있는 것을 알 수 있다. 초파리의 발생 유전자는 척추동물과 상동이며 여기에서 전달된 유전자는 발생에서 역시 비슷한 역할을 한다. 사람, 쥐, 파리에서 상동 유전자(homology gene)들이 서로 동일하지는 않으나 같은 물질에서 시작했다는 것이 분명히 나타난다. 이것은 동물의 조상들이 초기 시점부터 중요한 시그널 전달경로와 전사인자들이 있었다는 것을 의미한다.

### 박테리아

지구상에 존재한 최초의 생물체는 박테리아였다. 이들은 딱딱한 세포벽으로 둘러싸여서 모양을 형성하는 비교적 단순한 구조로 된 세포이다. DNA, RNA, 단백질합성, 리보솜같이 세포분열의 기본 메커니즘은 이미 형성되어 있었다. 세포핵은 없지만 DNA가 세포질에 커다란 링 형태로 퍼져있다. 성의 구별은 없지만 세포 간 유전자 교환은 가능하다. 유전자 교환은 다른 종류의 세포 사이에서도 일어난다. 이것을 수평 유전자(horizontal gene) 전달이라 한다. 박테리아의 모양이 다양하지 않고 다세포 형태도 아니지만 세포 집합체를 형성하기도 한다. 여기에서 생화학적 기능에 대해서 보면 극적인 생존 여건에 적응하기 위해서 여러 가지 물질들이 전환되어 만들어진다는 것을 알 수 있다.

### 진핵세포

세포핵이 있는 생물체를 진핵생물이라 한다. 최초의 진핵생물은 200억 년 전에 형성되었는데. 박테리아같이 단세포 동물이었다. 진핵생물은 세포막, DNA와 막으로 싸여있는 세포핵을 가지고 있다. 세포막이 쪼그라들면서 입자를 세포 안으로 받아들이고 막으로 둘러싸여 있는 구조물을 형성하여 세포 안에서 물질들이 움직이지 않도록 부분별로 나누고 있다. 진핵세포에 있는 미토콘드리아들은 이러한 방식으로 세포 안으로 들어온 박테리아로부터 발전된 것이다. 세포에도 뼈와 같은 역할을 하는 것이 있는데 이들은 세포의 형태를 결정하고 모양의 변형을 가능하게 한다. DNA는 특정 단백질에 감싸여 있고 염색체에 나뉘어 있다. DNA는 세포 분열 전에 짤막하게 되어 세포골격의 역할로 체세포 분열이 일어나게 되면서 딸세포의 핵으로 나뉘어진다. 진핵세포를 구성하는 대부분의 구성 요소들은 세포골격 단백질, DNA 자가복제 때 작용하는 효소들과 세포 분열에 관여하는 조절 물질 등은 남아있게 된다. 이들은 효모와 다세포 생물인 곤충류와 척추동물에서와 같이 살아 있는 세포생물에서 매우 유사하다.

### 후생동물

다세포 생물들은 서로 독립적인 관계에 있는 단세포들로 구성되어 있다. 다세포 생물에는 곰팡이, 식물과 동물, 후생동물(metazoa)등이 속하는데 이들은 다세포 상태가 아니었을 때 같은 시작점을 가지고 있는 것으로 보인다. 최초의 후생동물은 외부와 내부를 구성하는 두 개의 세포층으로 되어 있다. 딱딱한 세포벽이 없어지므로 다세포성과 세포 간 접촉이 가능하게 되었다. 세포 간 흡착과 교류가 형성되었다. 생물체는 외부에 대해 내부를 보호하고 구별하는 상피세포를 만든다. 여기에서 세포외 지지물질이 따로 만들어졌다. 세분화된 맹장과 몇 가지 세포 타입이 여러 가지 기능을 수행하게 되는데 아마도 단순한 신경과 감각세포들도 만들어질 것이다. 이러한 초기 형태는 세포흡착물질일 것으로 추정되는데 이들은 내부 세포질과 이웃한 세포들, 또한 외부로부터 시그널을 인지하는 인식체로서 막단백질로 받아들이고 계속 전달이 가능하게 한다. 이러한 형태는 오늘날 살아 있는 강장동물류의 경우와 비슷하였다.

## ❷ 캄브리아기의 대폭발

최초의 후생동물은 60억 년 전 캄브리아기 이전에 있었다. 이 기간 중에는 생물체들의 모양이 다양하게 형성되어 진화하기에 성숙한 조건이었다. 대기에는 현재와 비슷한 양의 산소와 이산화탄소가 있었고 이들은 광합성 박테리아와 조류(algae)에 의해 생성되었다. 캄브리아 폭발 기간 중 비교적 짧은 5억 년 동안에 여러 가지 형태와 모양, 생존 양식을 가진 생명체들이 생존하기 시작했다. 화석을 통해서 아직까지 생존하고 있는 동물의 종류가 이미 이 시대에 있었던 것을 확인할 수 있는데, 이들은 연체동물, 절지동물, 여러 종류의 벌레들과 단순한 척추동물들이다. 다른 생존물도 있으나 오늘날까지 후손이 살아남지 못하였으므로 단지 그들의 생존 양식을 추정할 뿐이다.

### 좌우대칭형

몸을 구성하는 조직체들이 단단하여 성장과 변화를 가능하게 하면서 다양한 형태로 변화하였을 것이다. 배아는 새로운 중간 세포층이 생겨나면서 세 겹으로 되는데 중배엽에 붙게 된다. 내부 세포들은 내장(intestine)을 만들어서 연결하여 추가적인 통로가 된다. 앞의 끝에는 감각기관이 만들어지는데 영양물질을 받아들일 수 있도록 입이 된다. 이러한 원래의 형태는 지렁이 종류에서 볼 수 있는 발생 메커니즘인데 앞과 뒤, 위와 아랫부분이 확연하게 늘어진 모양이 된다. 이들은 델타, 나치와 윙리스 같은 중요한 시그널 시스템 유전자와 구성물질들, 특히 Dpp와 등-배 축의 위치를 결정하는 농도구배 시스템 등의 원시적인 기능을 보여주고 있다. 여기에 더하여 몇 개의 혹스 유전자와 함께 작용하는 전사 유전자, 감각기관과 심장의 위치를 결정하는 선택 유전자 등도 이러한 종류에 속한다.

오늘날까지 존재하는 대부분의 동물들은 좌우대칭형의 두 개의 그룹에 속하는 데 원구류나 신구동물류이다. 이들의 차이는 낭배과정(gastrulation)에서 내장이 꼬여서 입 또는 창자끝이 되는지에 있다. 척추동물은 해마와 같이 신구동물류에 속하며, 곤충과 조개, 달팽이, 연체동물과 다른 벌레들은 원구류에 속한다.

### 축의 전환(axe inversion)

19세기에 이미 프랑스 동물학자 제프리 세인트 힐러리(Geoffroy saint-Hillarire)는 절지동물(예를 들면, 새우)들을 간단하게 등을 바닥에 향하게 하여 눕히고 머리를 돌리면 몸의 구조면에서 척추동물과 비슷하다고 주장했었다. 중앙에 있는 신경 시스템은 포유류의 등 부분에서, 절지동물(초파리의 경우에도 같다)에서는 배 부분에서 생성된다. 척추동물에서 심장은 복면에 있으나, 곤충에서는 등 부분에 있다. 배아 시기에서 유전자생산물의 위치를 비교하여 많은 정보를 얻을 수 있다.

앞-뒤 축에 고정되어 있는 혹스 유전자의 유형은 의심할 바 없이 모든 동물에 남아 있다. 이들은 길이 축을 위한 기준 시스템으로 작용할 수 있다. 절지동물의 등-배 축에서 농도구배를 형성하는 Dpp와 Sog를 통해 고정된다. 척추동물에서는 등-배 축 농도구배가 BMP와 함께 형성되고, BMP는 Dpp와 상동 유전자이며, Sog에 비교되는 코르딘이 형성된다. 이 시스템에서 여러 가지 요소가 포함되어 있는 모든 분자 간의 반응도 보존된다. 즉, 이것은 원구류와 신구동물류가 서로 같은 조상으로부터 변환되었다는 것을 의미한다. 그러나 이들은 다르게 변화되었는데 척추동물의 경우 복면에서 생성되는 것(BMP)이 절지동물에서는 등 부분에서 형성된다(Dpp). 마찬가지로 심장의 위치를 결정하는 틴안의 활성과정도 다르다(그림 54). 길이가 긴 지렁이들은 스스로 중심체를 중심으로 돌려서 입이 되거나 수영하는 동물체에서는 위치가 바뀜으로써 원구류에서 신구동물류로 된 것으로 이해할 수 있다. 원구류와 신

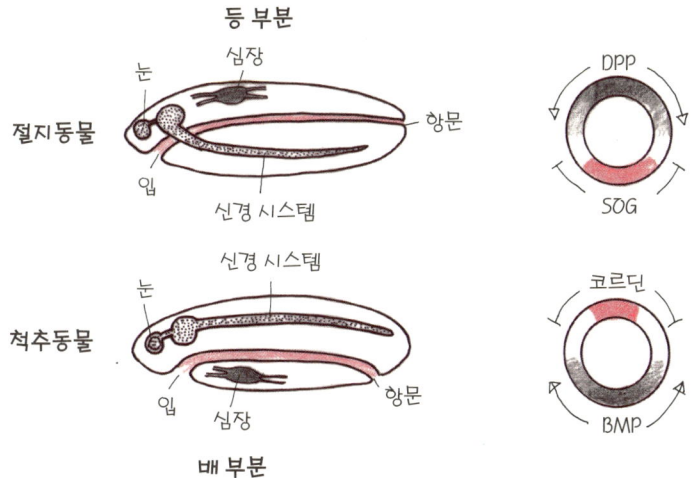

**그림 54 축의 전환.** 절지동물에 속하는 곤충을 척추동물과 비교하면 많은 부분이 바뀌어져 있는데, 신경 조직이 곤충은 등 부분에 있고 척추동물은 척추에 있다. 또한 심장이 척추동물은 배 축(ventral axe)에서 뛰고 있지만, 초파리는 등 부분(왼쪽)에 있다. 낭배형성 과정에서 등-배 축은 절지동물의 경우 Dpp와 Sog, 척추동물의 경우는 BMP와 코르딘 간 교환 작용을 통해 정해진다. 이러한 상동 단백질들은 서로 반대 방향에서(오른쪽) 생성된다.

구동물류가 서로 독립적으로 공동의 조상으로부터 형성되었을 가능성도 배제할 수 없다.

## ③ 새로운 구조 원칙

### 체절화

형태의 다양성은 추가적으로 있는 구조 원칙에 따라 가능하게 되는데 이로써 기본 모양이 달라진다. 중요한 변화는 체절화가 되고 몸에 반복해서 가닥이 생기는 것이다. 이러한 단위는 우선 같은 원리로 생성되고 서로 다르게 전환될 수 있으며 이렇게 하여 다양한 모양이 만들어진다. 체절화 과정은 많은 동물 종류에서 볼 수 있으며 여러 가지 방법으로 가능하다. 환형동물과 절지동물의 경우 줄기세포가 자라는 곳에서 체절이 규칙적으로 계속 형성되고 있다. 초파리의 경우 체절화는 배반엽이 우선 7부분으로 그리고 14줄로 나뉘게 된다. 절지동물에서는 체절 극성 유전자의 구성 유전자가 관여한다. 초파리에서는 초기부터 체절화에 관여하는 유전자들은 비코이드, 헌치백, 크닙스 등이며 이들이 초파리에서는 퇴화되었지만 일부 다른 곤충 종류에서 발견되었다.

척추동물에서는 체절이 다른 방법으로 만들어지는데 순간적으로 유전자가 활성화되어 번역된다. 이때 델타-노치 시스템으로 분자 메커니즘이 일어나고 이것은 신경 시스템이 생성되는 데 중요한 역할을 한다. 절지동물과 척추동물에서는 머리의 형성과 메커니즘에 의해 앞서 만들어지는 체절은 서로 영향을 주지 않으며, 이들은 둔부(엉덩이 부분)와 꼬리의 체절화를 결정한다. 이 부분에 대해서는 아직 알려진 것이 많지 않다.

### 골격

여러 종류의 단단한 부분은 모양도 다양하지만 생존 환경에 적응하도록 만들어지고 있다. 키틴질, 칼슘 껍질, 내부 골격, 세포외 물질들이 변하여 물렁뼈와 뼈가 되어 지지하는 역할과 움직일 수 있게 한다. 달팽이와 조개의 경우 칼슘 껍질이 있으므로 단단한 조개가 만들어진다. 절지동물의 경우에는 곤충과 같이 키틴질로 된

외부 골격이 있으므로 동선이 가능하다. 중배엽에서 만들어지는 내부 골격은 물렁뼈와 매우 단단한 뼈를 가지게 되는데 이는 척추동물에서 볼 수 있다.

### 사지의 생성

생물체의 다양한 모양새는 사지를 생성함으로서 가능해지는데 다리, 촉수, 날개, 턱같이 특수한 기능도 가지게 된다. 이러한 원리는 특히 절지동물에서도 관찰되었다. 이들은 다리 쌍의 수에 따라 분류되는데 다족류(Myriapoda), 육각류(곤충강) 등이 있다. 사지로 되는 부분은 이미 초기에 정해진 위치에서 생성되고 분자생물학적 발생 과정에서는 몸체가 모양을 갖추어가면서 나타나고 사용된다. 절지동물의 다리 부분이 생성되는 과정은 같은 원리이지만 구조적으로 매우 다양하게 된다. 이들은 머리에 있으며 여기에서 감각기관으로 전환되고 방어기관 또는 씹는 수단으로 전환된다.

척추동물에는 두 쌍의 사지(팔, 다리)가 있는데 비늘, 다리, 팔 또는 날개가 형성된다. 척추동물 내에서 이런 구조는 동일하며 이미 있던 조직에서 새롭게 생성된 돌기로부터 발생되기도 한다. 흥미롭게도 모양은 부분적으로 절지동물의 이미 움직이는 부분에서 생성되기도 한다. 이것은 공동의 조상에 기인하지 않고 시그널 시스템이 모양을 형성해가면서 적응하도록 하는 데 있다.

### 신경판

캄브리아기의 척추동물은 매우 단순하여 아가미와 비슷한 기관을 통해 영양물질을 거르기도 하였다. 오늘날 생존하는 척추동물들의 형태가 다양한 것은 신경판(neural plate)이 변하여(40억 년 전쯤) 가능하게 되었다. 신경 시스템으로부터 나온 세포들은 여러 가지 구조로 분화될 수 있었다. 이들은 여러 가지 기능을 변화시켜 몸체의 외부를 만들기도 하는데 신경판 세포들이 만드는 가장 중요한 부분 중의 하나는 뇌를 보호하는 머리뼈와 턱이다. 또한 발톱, 뿔, 부리도 만드는데 이는 많은 척추동물에서 관찰되는 부분이다.

의심할 여지없이 척추동물들은 가장 복잡한 구조를 가진 동물들이다. 이들을 절지동물과 비교하면 확인할 수 있다. 절지동물의 외부 골격은 피부 조직의 성장과 연계되어 있고, 몸이 커지면 만들기 어려워지고 위험해진다. 공기로 채워진 원통을 통해 산소 교환이 일어나는데 몸이 커지면 산소 교환에 제한이 생기기 때문이다. 척추동물들의 경우 내부 골격이 지속적으로 성장하므로 직접적으로 발전한다. 따라서 이들의 몸은 커져도 별 문제가 되지 않는다. 이에 관련하여 사람의 경우 뇌도 성장하게 되고 매우 복잡하지만 이러한 특징이 다른 동물에는 없다.

### ④ 유전자

동물의 몸이 다양하게 변화하는 것이 유전자의 크기나 수에서는 모순되는 것이다. 박테리아들은 1,000개의 염기쌍을 가지고 있다. 유전자 수는 다양한데 가장 작은 박테리아는 600개의 유전자를 가지고 있다. 기본적으로 *Eschrichia coli*라는 대장균은 4,300개의 유전자와 4백만 쌍의 염기를 가지고 있다. 지금까지 알려진 가장 큰 유전자는 사람의 것으로 1,000배 정도 크다.

유전자들은 원래 그 수가 많은데 영국의 생물학자 존 설스턴(John Sulston, 1998)이 다세포 생물체로서는 최초로 예쁜 꼬마선충의 게놈을 완전히 분석하였다. 이들 유전체는 1억 개의 염기쌍을 가지고 있다. 우선 크기가 큰 반복적인 DNA 염기서열을 정리한 카드를 만들고, 모두 분석하였다. 유전자의 위치와 수는 컴퓨터 프로그램으로 찾았고 이 프로그램으로 단백질로 번역되는 부분의 시작과 끝을 알아낼 수 있었다.

지렁이는 대략 19,000개의 유전자를 가지고 있다. 맥주효모균은 6,000개, 초파리는 13,000개의 유전자를 가지고 있는 것과 비교된다. 일반적으로 벌레에는 10,000개의 염기쌍이 한 유전자(단백질로 번역되지 않는 중간 부위 포함)에 있다. 놀라운 것은 포유류인 사람, 쥐의 경우 32,000개의 유전자가 있으며, 이는 파리나 벌레의 경우와 비교하여 수가 특별히 많지 않다는 것이었다. 사람의 유전자는 27,000 염기쌍, 100개의 염기쌍을 가지고 있는 엑손, 그리고 그보다 10배나 더 긴 인트론으로 되어 있다.

### 정크 DNA

이렇게 단순히 염기쌍의 크기를 통해 숫자로부터 중요한 결론을 내릴 수 있는데, 즉 진화 과정에서 몸체의 조직이나 모양이 복잡해져도 유전자의 크기나 유전자 수와는 관계가 없다는 것이다.

진화 과정에서 유전자가 스스로는 증가하여도 DNA 염기서열에서 별다른 기능이나 역할은 하지 않는다. 대략 포유류 유전자에서 3조나 되는 염기쌍의 50% 정도는 소위 정크(Junk) DNA로 되어 있다. 대부분 짧은 염기서열들이 반복되는데 이들을 반복성 DNA(repetitive DNA)라 하기도 한다. 이러한 염기서열은 유전자의 발생 역사에서 흥미로운 사실이 있을 것 같은데, 이들이 이렇게 존재하는 이유는 아직 정확히 알려지지 않고 있다. 이러한 정크 DNA는 짧은 기간 생존하는 생물체에서는 모두 사용되지 않으며 빨리 사라질 것이다. 포유류에서는 단백질 합성에 선택되지 않고 있어도 별다른 의미가 없으므로 정크 DNA가 쌓여있을 것으로 추정된다. 척추동물의 경우 중요한 기능이 없는 부분(부위)들이 남아 있기도 한다. 이것은 어류의 경우와 비교되는데 푸구(Fugu)의 유전체는 제브라 물고기의 25%가 될 정도로 작지만 이들은 거의 비슷한 수의 유전자를 가지고 있다.

단백질로 번역되지 않는 부분(부위)의 의미를 이해하기 위해서 친척 관계가 비슷한 동물 두 종류의 염기서열을 비교하였다. 두 종류에서 비슷하거나 같은 부위들은 DNA 염기서열에서 볼 수 없을 때 중요한 기능이 있을 것이다. 이러한 질문에 대해 쥐의 유전체와 사람의 것을 비교하면 많은 중요한 사실을 이해할 수 있다.

### 유전자 가족

유전자들 간에 염기서열을 비교하면 새로운 것과 이미 존재하던 유전자를 비교할 수 있다. 여기에는 3가지 방법이 있는데 각 염기의 변이, 유전자가 두 배로 되는 것과 유전자 부분이 새롭게 조합하는 것이다. 박테리아에서는 여러 종류들 간에 유전자 교환이 일어날 수 있는 부분이 추가된다. 이러한 수평 유전자 전달이 진핵 생물에는 존재하지 않으며 최소한 완전히 분석된 유전체에서는 나타나지 않았다.

단백질들은 모듈 형태로 되어있는데 효소의 활성이나 DNA 연결에 작용하는 생화학적 특성을 가지고 있는 작은 아미노산들이 모여서 된 도메인으로 되어 있다. 지금까지 약 1200개의 여러 가지 형태의 단백질 도메인이 알려져 있는데 이들은 다양한 형태로 조합되어 사용되고 유전자가 배가하여 생성된 유전자 가족으로 정의된다. 사람에서는 도메인의 단지 7%만이 유전자 생성물을 통해 새로이 발견되었는데 이들은 이미 알려진 것이었다. 친척 관계인 유전자들에서 염기서열은 대부분 남아 있고 이들은 도메인을 코딩하며 주변에 있는 염기들은 전환될 수 있으므로 단백질의 기능은 여러 측면에 남아있게 된다. 지금까지 알려진 1,200개의 도메인 중 박테리아에서 사람까지 모든 생물체의 단백질 중 200가지가 발견되고 있다.

효모의 유전자는 비교적 단순한 구조이지만 다세포 생물의 유전자는 유전체에 따라 더 많은 도메인이 있는 경우가 많다. 이들은 여러 유전자들의 조각이 새롭게 조합하여 생성되었다. 이러한 결과로 단백질은 완전히 새로운 기능이 만들어지기도 한다. 특히 포유류의 유전자들은 구성이 특히 복잡하다. 이들 유전자 중 삼분의 일만 스플라이싱을 통해 단백질이 생성될 수 있는데 이들은 이 도메인과 결합하여 기능에서 구별된다. 즉, 포유류의 여러 단백질의 수는 유전자 수보다 훨씬 많다.

### 유전자 복제

대부분 유전자 가족은 원래 각 유전자들이 이배수가 되어 세포로 돌아가고 드물게 재조합과 자가복제(self replication)에서 문제가 발생되기도 한다. 척추동물의 유전체는 짧은 시간 내에 두 배로 늘어나고 물고기가 생성되기 전에 준비된다. 척색동물은 혹스 유전자와 단 한 개의 콤플렉스를 만드는데 일반적으로 척추동물에서는 최소한 4개가 만들어진다. 다른 유전자들은 위의 경우 4개의 비슷한 복제본이 있는데 초파리에는 단 한 개만 있다. 이러한 유전자 복제본들은 변이를 통해 다른 기능을 수행하기도 한다. 어류는 이배체가 나중에 만들어지고 이 중 지금은 20%의 복제본만이 남아 있다.

유전자와 생성의 많은 특징들은 국가간 협력 하에 이루어지는 시스템 프로젝트에서 생물체의 전체 유전체가 해독되기 전에 이미 알려져 있었다. 이러한 게놈프로젝트의 가치는 생물체에 어떤 유전자가 있는지 어떤 것이 없는지를 확인하는 데 있다. 유전자 해독 결과를 얻는 과정은 매우 복잡하다. 이들은 상동 유전자를 발견하고, 컴퓨터 프로그램을 이용해서 염기서열의 차이점을 찾을 수 있다.

지금까지 포유류에서는 사람과 쥐의 유전체가 밝혀졌다. 가까운 관계와 일치하여(마지막 공동 조상은 10억 년 전에 살았을 것이다)

서로 매우 비슷하다. 최소한 쥐 유전자의 99%와 일치하는 유전자가 사람에게서 발견되고 있다. 단백질에서 아미노산 서열을 비교하면 평균 78% 유사성이 있다. 이 숫자가 별로 의미는 없지만 이것에 따라서 유전자 간에 비슷한 정도는 변하고 단백질의 아미노산 서열에 따라 기능도 달라진다. 이러한 비교법에서 조절 부위는 무시되었다. 사람과 쥐의 차이는 대부분 단백질을 만드는 유전자 수에 있다. 예를 들면 냄새 인식 유전자의 경우 사람보다 쥐에 그 수가 더 많다.

진핵생물 내에서의 염기서열을 비교하면 초파리 유전자의 60% 이상과, 효모와 지렁이의 50% 정도가 포유류에서 상동 유전자를 가지고 있다. 그렇다고 모두 비슷한 기능을 가지고 있다고 볼 수는 없으며 자주 새로운 프로세스에 적응한 단백질들이 이용된다. 이러한 관련성은 유전자들의 조상이 같다는 것을 의미한다. 이들은 진화 과정과 연계되는 자연의 보존성을 의미하며 모양, 기능과 생물체의 생존 양식들이 놀랍게도 다양해진다.

## 5 사람의 진화

분자유전학적 방법으로 사람이 어디에서 왔는지, 어떤 종과 관련되어있는지를 연구하는 것은 매우 흥미롭다. 여기에서 생존하는 인구들의 다양성을 분석할 수 있다. 화석 DNA를 분리하고 이들의 염기서열을 현재 살아 있는 사람과 비교할 수 있었다.

### 호모 사피엔스

화석을 통해서 최초의 영장류(Primates)들은 식충동물(insectivore)과 밀접한 관계였는데 대략 6억 년 전에 살았었다. 아프리카 지역에서는 이 영장류로부터 호미니드(사람과의 동물, hominid)가 형성되고 살았던 것으로 예측된다. 가장 오래된 화석은 대략 4백만 년 정도 된 것으로 추정된다. 사람의 화성은 지구촌 곳곳에서 발견되었는데 언제 어디서 현재의 종인 호모 사피엔스가 형성되었는지는 분명하지 않다.

현존하는 인종마다 DNA 염기서열을 분석하여 비교하면 여러 가지 결과를 얻을 수 있다. 지금까지는 미토콘드리아 DNA를 분석하여 다양하게 비교·분석하였다. 미토콘드리아들은 난자를 통해 전달되므로 엄격하게 본다면 여성 조상에 대한 정보만 제공할 수 있다고 할 수 있다. 남성의 경우에는 다양하지도 않고, 재조합도 일어나지 않는 Y-염색체에 있는 특정 부위를 분석한다.

미토콘드리아 DNA 염기서열 중 3~100개의 염기 쌍에서 변화를 볼 수 있다. 이들은 자주 쌍이 되어 나타나는데, 이미 비슷한 분자에서 추가로 변이가 일어났다는 것을 의미한다. 현존하는 사람들 사이의 유전자 변화를 계통으로 분류할 수 있다. 아프리카 사람들 중에는 가장 많은 수의 유전자 변화 예가 존재하고 다른 그룹에서는 관련된 변화도 나타난다. 이것은 모든 사람의 조상은 아프리카에 있었고 오늘날 존재하는 인간은 모두 아프리카에서 왔다고 할 수 있다. 이들은 후에 아프리카에서 나와 전 세계로 확산되었다. 여러 변수 중에서 호모 사피엔스가 약 10,000명 정도의 인구를 유지하고 있었다.

그러면 언제 현재의 사람이 나타났는가? 사람과 가장 가까우며 오늘날 생존하는 종인 침팬지의 차이로 추정할 수 있다. DNA에서의 차이는 대략 사람과 침팬지 사이에 사람과 사람의 차이보다 25배 더 큰 차이가 있다. 사람과 침팬지의 공동의 조상은 5백만 년 전에 살았다. 이 숫자는 화석의 나이를 측정하여 계산하였다. 그 후 호모 사피엔스가 나타났는데 이는 현재로부터 20만 년 전의 일이다. 다른 데이터를 활용하면 대략 15만 년이라는 중간 값이 계산된다.

화석으로부터 얻은 자료들을 분석해보면 3만 년 전 중세유럽에서는 크로마뇽인이 살았었고 이들은 현재 인간들의 조상이다. 이들에게는 표현하는 기술이 있었는데 남서유럽에서 발견된 인상적인 동굴벽화도 남아 있다. 동시에 유럽에서는 다른 호모 종에 속하는데 발견된 곳의 지명을 따라 네안데르탈인으로 명명된 사람들도 살았었다. 네안데르탈인의 화석에서 작은 DNA 조각을 추출하여 분석할 수 있었는데 이와 현재 생존하고 있는 사람들의 염기서열을 비교하였더니 10 정도 차이가 있는 것으로 나타났다. 이것은 네안데르탈인이 현존하는 사람의 직접적인 조상이 아닐 수 있다는 것을 의미한다. 가장 최근의 공동 조상은 50만 년 전에 살았었다(그림 55).

### 사람원숭이

호모 사피엔스와 가장 가까운 종은 크기가 큰 사람원숭이로,

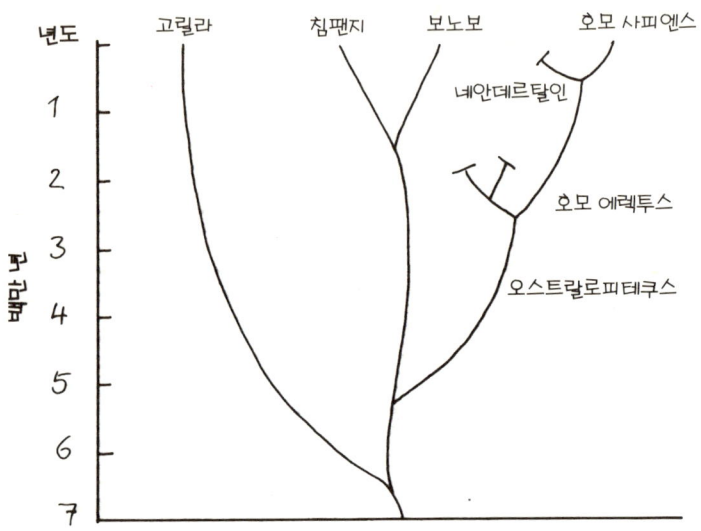

**그림 55 호미니드의 계통.** 사람원숭이와 사람의 가장 오래된 공동 조상은 대략 7백만 년 전에 살았었다. 현재의 인간이 지구상에 존재한 지는 20만 년 정도 되었을 것으로 추정된다. 네안데르탈인, 오스트랄로피테쿠스 등의 다른 호미니드는 모두 지구상에서 사라졌다.

침팬지, 오랑우탄, 고릴라 등이다. 분자생물학적 결과들을 보면 사람과 침팬지의 관계가 가장 가깝고 오랑우탄과는 가장 멀다. 유전자의 DNA 염기서열을 비교하면 100개의 염기쌍이 차이가 나고 관련이 없는 사람들 간에는 1,000개의 염기쌍이 다른 것으로 나타난다. 유전자에서의 차이가 미묘하고 검사법은 어려운 일이지만 침팬지의 유전자가 알려지면 사람의 가지고 있는 독특한 특성을 유전자로 검사하여 비교한다.

흥미로운 것은 현재 살아 있는 원숭이 중에서 유전자 변화는 사람 사이에서 가능한 것보다 3배 정도 크고, 살아 있는 침팬지의 수는 백만 이하이지만 오늘날 지구상에 존재하는 인구(60억)와 비교가 되지 않은 정도로 적다. 이것은 원숭이류는 더 오래 살고 있지만 특별히 번식하지는 않았다는 것이다. 사람의 경우 이와는 달리 처음에는 얼마 되지 않은 인구 수로 시작하여 인구수가 빠르게 늘어났으며, 오늘날 살아 있는 모든 종족의 유전자는 놀라울 정도로 유사하다. 크로마뇽인들이 살았던 시대에는 인구 밀집도가 매우 낮았지만 마지막 빙하기 끝 무렵 후부터 높아지기 시작하여 농사짓는 법을 알기 시작한 11,000년 전, 티그리스 강과 유프라테스 강 유역에서 매우 **빠르게** 증가하였다. 이러한 것은 고고학적 연구 결과를 바탕으로 추정되었다.

# X 논쟁의 핵심이 되는 문제

**발생학**과 유전학 분야의 연구 결과들은 이에 대한 지식뿐만 아니라 원리적으로 사람의 생명에 영향을 줄 수 있는 새로운 가능성을 여는 계기를 마련해 주었다. 여기에서 더 나아가 상상과 고증을 자극하여 우리의 세상을 바꿀 수 있는 현실이 되게 하였다. 새로운 기술, 특히 유전공학기술을 의학 분야에 적용하였을 때 좋은 결과를 기대할 수 있었음에도 불구하고 아직도 새로운 방법의 부작용에 대한 공포, 좋은 의도에 대한 예측불능의 결과에 대한 두려움이 일반적으로 퍼져 있다. 이 부분에 대하여 독일에서는 특히 사람 배아세포의 처리에 대해 많은 논란이 있었다. 주변 유럽 국가들이 법적으로 유연하게 대처하고 있는 반면 독일에서는 법으로 금지하고 있다. 이 분야에서 모든 사람과 관련하여 다양한 결과가 나오지 않고 최소한 유럽 단위에서 규정이 자리 잡지 않는다면 논란은 계속될 것이다.

무엇을 다루는 것인가? 1978년부터 이미 사람의 난자를 자궁 외에서 수정하여 배양하고 자궁에 이식하여 임신으로 연결할 수 있었다. 여기에서 많은 수의 배아들이 생성되어 모체를 만나지 못했다. 이것으로 초기 배아들을 의학 연구 분야에서 사용하는 것이 가능해졌다. 사람의 배아로부터 배아줄기세포를 분리하여 여러 가지 불치병에 세포치료법을 사용할 수 있게 하였다. 모험일 수도 있는 기본 이론이 누군가가 개인의 목적 달성을 위한 수단으로 사용할 수 있게 해서는 안 된다. 독일 기본법에서는 이러한 금지 사항들이 언급되지도 않을 정도로, 중요하게 다루는 부분인데 그 이유는 인간존엄성을 핵심적이고 기본적인 개념으로 다루고 있기 때문이다. 치료 가능성에 대한 믿음을 얼마나 인정하는가에 대해서는 배아 연구 책임자와 반대편에 서 있는 사람들이나 같은 입장에 있는 유럽 이웃국가들에 대해 논쟁은 이루어지지 않고 있다. '배아세포에서 어느 시기부터 사람이라고 인정할 수 있는가?', '초기 배아세포를 사람과 같이 인정하여 태어났을 때와 같이 보호를 받을 수 있는 것인가, 보호를 어느 선까지 해야 하는 것인가, 피임에 대한 문제, 유산에 관련된 법에서와 같이 다루어져야 하는 것인가?' 등의 관점에서 여러 견해가 나오며 토론한다. 1990년 독일의 배아세포 보호법에서는 난자가 수정된 후 짧은 시간 후부터 배아를 보호해야 한다고 하는 반면, 다른 곳에서는 자궁에 들어가서 착상되었을 때부터를 보호 의무로 규정하고 있다. 영국에서는 형태가 형성되기 시작하고 쌍둥이가 될 가능성이 없어졌을 때, 즉 배아가 된 후 14번째 날부터 보호를 의무화하고 있다. 법적으로는 '사람'을 출생시점부터로 정의하고 있다.

    생물학적 지식으로 이러한 여러 가지 문제에 대한 해답이 될 수는 없으며 보호받을 권리는 생물학적 방법으로 증명될 수 없고,

다만 가치관의 기준에 따라 달라질 수 있다. 지속적으로 사회에서 나 법적으로 인정받으려면 확실한 기준이 필요하다. 이러한 기준이 억지로 만들어질 수는 없고 가능한 모순되지 않으며 명백하게 설정되어야 한다. 과학 기술은 발전의 정도나 단계에 대해 정보를 제공하고 제안할 수 있다. 치료 방법이 없어서 죽어가는 환자의 병을 치료할 수 있는 가능성과 초기 배아세포 보호 사이에 일어나는 논쟁을 불식시킬 수 있을 정도로 앞으로 가능한 치료법에 대하여 미리 예측할 수 있는 것이 필요하다.

치료법은 물론 이식 과정, 진단 가능성에서 아이의 특징을 선택한다거나 특정 유전자만 넣는 방법 등도 논의되고 있다. 이미 생존하는 사람으로부터 클론을 만들어서 또 다른 사람이 태어나게 하는 일은 특히 충격적이다. 방송에서 이러한 프로젝트를 소개하게 되면 일단 많은 관심을 받게 되고 현실과 가능한 예측, 유토피아 사이에 전혀 차이가 없어서 마치 과학기술이 사람이 원하는 것은 무엇이든지 망설이지 않고 만들 수 있는 것으로 착각하게 만드는데 이러한 현상은 항상 있어왔다. 발전을 신봉하는 입장과 과학기술에 대해 적대적인 생각들은 이미 오래전부터 있었다.

## ❶ 유토피아

신화와 여러 종교 분야에서 이미 오래 전부터 사람창조 유토피아가 있었다. 그러나 대부분의 사람들에게는 여자인 이브가 최초의 남자인 아담의 갈비뼈에서 만들어졌다거나 제우스의 머리에서 아테네 궁전이 만들어졌다는 것은 의미적으로 이해되었고, 이러한 아이디어들이 당시의 생물학적 지식과 연계하면 다른 관점에서도 볼 수 있다. 중세시대의 한 예를 들면, 파라셀수스 폰 호헨하임(Paracelsus von Hohenheim)에게는 미소체 형성에 대한 비법이 있었는데 이와 같이 오랜 기간 동안 전성설에 대한 믿음이 일반적이었다. 여기에서 생성되는 생명체는 정자에서 이미 미소체로서 완전한 모양을 갖추고 꽃밭에서 씨앗이 성장하듯이 모태에서 피어난다고 믿었다. 1537년 파라셀수스 비법에서는 모태를 발효통과 비교하였고 정자를 말똥, 오줌과 다른 것을 첨가하고 호박에서 따뜻하게 하여 사람을 만들 수 있다고 하였다. 40일 동안 기다리면 작은 사람이 될 수 있다고 하였다(그러나 이 전체 과정은 비밀리에 진행되어야만 실현될 수 있다고 하였다). 이러한 이야기는 괴테의 파우스트 2장에서도 다루었는데 파우스트처럼 회의하고 포기하는 사람이 아니라, 모든 것을 잘하기 위해 노력하는 진보주의적인 제자 바그너가 불을 피웠다.

**메피스토** : 무엇인가?
**바그너(작은 소리로)** : 사람이 만들어지고 있어요.
**메피스토** : 사람? 사랑에 빠진 연인들을 연기 속에 넣었느냐?

**바그너** : 천만에요! 지금껏 유행하던 생산방식을 어리석은 장난이라고 선언하는 바입니다…
동물들은 계속 그런 짓을 즐길지 모르나, 위대한 천분을 타고 난 인간이라면 장차 보다 고상한 근원에서 태어나겠지요.

여기에서는 아무것도 만들어지지 않았고 미소체는 늙은 여우 같은 그러나 덜 성숙된 채로 되었어도 바그너는 경탄하지만 레토르트에서 나올 수가 없고, 다만 '세상에 반'만 나오게 되었다. 그는 메피스토펠레스의 도움으로 그리스 연구자들에게 도움을 청하여 탈레스를 바다에 던지면서 다음과 같이 말하였다.

생명의 창조를 처음부터 시작하려는
그 가상한 소망에 찬사를 보내겠네!
신속하게 행동하도록 준비하여라!
영원한 규범에 따라 움직이며 수천,
아니 수만의 형체를 거쳐 인간이 되기까진 시간이 걸릴 게다.

이 문장에는 많은 현상을 표현하고 있는데 무엇보다도 진화와 오랜 기간 동안 단순한 존재로부터 복잡한 구조로 형성되는 과정, 생존하는 존재가 발전해가는 기준 등, 연구자는 이 모든 것을 밝혀내고 새롭게 이루어지는 과정에 적용하려고 하나 실패한다는 내용이다.

미소체 이야기와는 반대로 사람을 만드는 유토피아에 대해서는 영국의 소설가 올더스 헉슬리(Aldous Huxley)가, 《멋진 신세계 *A wonderful new world*》(1932)에서 현재는 이루어지지 않고 있지만 가까운 미래에 가능할 것으로 평가했다. 그는 우선 배아에서 싹이 나와서 배아로부터 같은 것이 생성될 수 있다고 하였다. 놀라운 것은 이 배아를 마치 인공 자궁 같은 배양액이 있는 병 속에서 키우는 것에 대하여 묘사하였다. 보다 현실적으로 보기 위해 배양기계와 관련하여 물리화학적, 기술적 어려움들을 매우 자세히 표현하였다. 이 과정에서 가장 놀라운 것은 아마도 병 속에서 자라는 클론을 배양 조건을 변화시켜 조절할 수 있고 부모 없이 생성되는 사람 클론의 특징들을 계획할 수 있다는 것이다. 동전 몇 개로(오늘날 또는 가까운 미래에) 사람을 얻을 수 있다는 것은, 물론 경악할 만큼 매우 위험한 일이다. 헉슬리가 살았던 시대에는 포유류와 사람의 발생 과정에서 정확한 조건이나 유전자의 생화학적 기능이나 특성도 전혀 알려지지 않았고 대충 겉으로 보이는 모습에 대해서만 알고 있었다.

## ❷ 클론

사람의 발생 과정에 대한 기초 연구는 쥐를 통해 많이 이루어졌고 사람에 같은 이론을 적용하는 것에는 많은 논란이 있었지만 가축 사육에는 다른 방법도 적용되었다. 소의 경우 인공방법이 개발되었고 각 할구에 대하여 유전자를 이용한 진단법도 개발되었다. 이에 대한 응용으로 제안된 것은 낙농우에서 송아지의 성을 사전에 결정하여 암소만을 만들고 육우는 수컷만 되게 하는 것이다. 이 방법은 사실 너무나 복잡하고 많은 노력이 필요하기 때문에 적용되지 못하였다.

인공 수정에서는 호르몬을 투여하여 난자 생성을 촉진하고 난포에서 기구로 흡입하여 난자를 외부로 가져온다. 배양접시에 난자와 정자를 같이 넣거나, 정자를 주사기를 사용하여 첨가한다.

수정이 된 지 며칠 후면 수정란은 이미 여러 차례 분열하게 되고 이 세포들을 모태로 다시 들어가게 된다. 6~8개의 세포가 되면 유전자 진단을 위해 배아를 사전에 꺼내어 1~2개의 세포만 유전자테스트를 하여 정상인지 확인하고 배아는 계속해서 발생하고 성장하게 된다.

### 동물의 클론

세포핵 이식을 통해 처음으로 시도된 클론(clone) 실험은 이미 1960년대에 개구리를 이용하여 시행되었다. 연구자들의 관심은 체세포들이 건강한 생물체를 형성하는 데 필요한 모든 유전자를 가지고 있는지에 있었다. 클론으로 태어난 최초의 포유동물은 복제 양 '돌리'였다. 클론을 이용한 동물개체 증식이란 여러 가지 좋은 조건을 가진 동물체와 똑같은 다른 동물체를 계속해서 얻으려는 것이 목적이었다. 이러한 이유로 클론은 식물 농업에서 흔히 사용되었다. 식물체에서는 핵이식을 통해 클론이 만들어지지 않고 접순(접붙이는 부분, scion)과 새로 나온 가지를 사용하는 자연적인 방법으로 실행되었다. 핵이식을 통해 만들어지는 동물의 클론은 난자세포에서 핵을 제거하고 특정 동물체의 체세포에서 분리한 세포핵을 다시 넣어서 만들어진다. 이러한 클론으로부터 드물게 배반포가 만들어지기는 하지만 건강한 동물체가 되는 경우는 거의 없다. 이것은 세포핵의 제공자와 유전자가 같게 된다. 소, 양, 쥐 등 여러 가지 동물에서 세포핵 이전을 통해 클론을 집중적으로 만들었으나 성공률이 매우 낮고 대부분 발생 과정 중, 초기 또는 후에라도 중단되고 난산(이상한 형태의 동물이 태어나게 된다)이 된다.

이러한 클론에 대한 실험은 '체세포에 유전자가 완벽하게 갖추어져있는가?'의 질문에 대해서는 만족할 만한 답을 얻었지만 동물의 다양성에 대해서는 여전히 알지 못했는데 여기에는 여러 가지 이유가 있다. 일반적인 발생 과정에서 배반의 특정 세포들에 의해 일회 정도는 다음 세포 세대가 만들어진다. 이 세포들은 특별히 보호되므로 살아 있는 동안에 일어날 수 있는 일반 체세포의 경우와 비교하여 돌연변이에 덜 노출된다는 것이 첫 번째 이유다. 두 번째 이유는 체세포가 발생 과정에서 가지고 있는 유전자를 단백질로 보호하고, 부분적으로는 변화하지만 발생 과정이 제한되어 있다는 점이다. 이러한 제한은 난자 세포의 세포질과 반응하면서 사라지게 되는데 실제로는 매우 드물게 일어난다. 세 번째 이유는 세포핵을 핵을 제거한 난자 세포에 이식한 후, 매우 드물지만(왜냐하면, 세포 기관인 중심체가 분열에 영향을 주므로 일반적으로는 불가능하다) 염색체가 분열되어 딸세포로 되기 때문이다. 분명한 것은 오늘날 핵이식으로 만들어진 클론은 예외적인 경우에만 성공할 것이고, 이 연구 방법을 개선하지 않는다면 성공률은 여전히 저조할 것이다.

### 사람의 클론?

사람의 클론(clone)으로 이미 생존했던 또는 생존하고 있는 사람과 같은 뒤늦게 태어나는 쌍둥이 형제가 될 것이다. 여기에서 체세포의 핵을 핵이 제거된 난자세포에 이식하여 배아를 만들 수 있다. 이미 설명하였듯이 동물의 클론에서는 매우 드물게 건강한 생물체가 태어났다. 복제 양 돌리(Dolly)의 경우 200개 이상의 난자를 다루며 실험한 후 성공하였다. 즉, 이것은 동물의 경우에 가능한 것이 사람의 경우에는 불가능할 수 있다는 것이다. 사람의 세포를 다루게 되면 다른 실험동물을 다룰 때보다 더욱더 안전에 특별히 유의해야 한다.

사실 실연하기 어려운 공정의 윤리적인 조건에 대하여 깊이 사고해야 함에도 불구하고 사람의 상상력은 클론에 대하여 다양하게 윤리적인 논쟁이 있었고 지금도 계속되고 있다. 생물학적으로 확산되어 — 성공에 대한 회의와 우려되는 상해 — 인공으로 부모 없는 아이를 만드는 것은 적절하지 못한 일이다. 사람이나 다른 생물체의 수를 증식시키려는 것은 생명체의 행복이나 기쁨과는 관계없는 일이다. 따라서 사람의 클론에 대한 연구는 윤리적인 이유로 많은 연구자들에 의해 거부되고 있으며 많은 나라에서는 명확하게 금지되어 있다.

## ③ 체외에서의 사람 배아

일반적인 생명 탄생의 비밀을 이해하려는 기초 연구에서는 이미 설명되었지만 개구리, 닭, 물고기와 쥐 같은 모델 생명체에서 실시되었다. 착상하기 이전 시기에 있는 사람의 배아를 다루는 것을 착상(Nidation) 또는 이식이라 하는데, 의학 분야에서 논란의 중심이 되고 있는 한 가지는 이식 문제의 기준과 불치병에서 세포 대체 요법에 대한 것이다.

### 체외 수정 또는 인공수정

사람의 난자를 체외 수정하여 이식하기까지 배양하는 기술은 영국에서 개발되었다. 영국에서는 1990년 배아에 대한 연구를 허용하였고 체외 수정 기술을 개선하여 불임을 치유하고 분명한 이유를 알리면서 환자에게 이미 연구되고 시행되었던 치료법만 시술하도록 하였다. 같은 해에 만들어진 독일의 배아보호법에서는 배아를 이용한 모든 연구를 금지하였지만 체외수정(In vitro Fertilization, IVF)은 독일에서도 많이 시행되었다. 불임에는 여러 가지 원인이 있어서 모든 불임이 인공수정으로 해결될 수는 없다. 정자에 원인이 있어서 수정되지 않는 경우도 자주 있는데, 이때에는 저자를 공급하여 발생을 유도할 수 있다. 독일 병원에서는 여성을 호르몬 요법으로 처리한 후 생성된 난자(일반적 8~12개)를 사용하여 인공수정하는 것은 인정하고 있다. 여기에서 3개는 배양되어 나중에 이식되는데 나머지 난자세포를 다른 목적으로 사용해서는 안 된다. 나머지 세포들은 난자핵과 정자가 결합하기 전에 냉동하고 이때부터 '생명보호'의 독일법에 따라야 한다. 영국에서는 모든 배아를 상실배 시기까지 며칠 동안 배양액에 놔둘 수 있고, 그때까지 보통으로 발생된 것을 확인할 수 있는 한 개나 두 개의 건강한 난자를 이식하며 나머지 세포는 냉동된다. 이들은 나중에 이식되거나 부모가 동의하면 연구 목적으로 사용될 수도 있다.

### 전이식검증

외국에서의 연구는 체외 수정 후 임신 성공률을 높이는 것이 목적이었다. 여기에서 배양조건들과 자궁점막에서 배양액과 이식 과정이 연구되었다. 이것은 배지에서 올더스 헉슬리의 《멋진 신세계》에서 등장하는 '인공자궁'의 개념이지만 실제는 하늘과 땅만큼의 차이가 있다. 이러한 진단 방법은 배아의 유전적 결함을 확인하기 위해 개발되었다. 전이식검증(preimplantation diagnostics, PID)는 배아로부터 6~8개의 세포가 되면 한 개나 두 개를 선택하여 유전자 검사를 실시한다. 여기에서 중요한 두 가지 기준은 다음과 같다.

1. 사람의 난자는 염색체가 비정상인 경우가 자주 있고 감수분열 과정에서 염색체 분열이 일어나면서 문제가 발생하기도 한다. 예를 들면 이수체(염색체가 이배체로 되는 현상, aneuploide)는 일반적인 임신 과정에서 성공률이 낮아지는 중요한 원인이 되며, 특히 고령의 산모들에게서 생산되는 난자는 살아남을 가능성이 매우 낮다. 염색체의 이상이 조기에 진단되면 체외 수정 후 임신성공률을 높일 수 있다. 사전에 진단하여 한 개나 두 개의 배아들만 성공적으로 이식할 수 있다. 이렇게 하여 인공수정에서 문제가 되는 쌍둥이 출생률을 낮출 수 있으며, 한 개의 세포라도 건강하게 발생하게 하기 위해서 3개의 배아를 이식한다.
2. 치유가 어려운 질병의 경우 부부에게 같은 종류의 병이 발

병될 수 있는 유전자가 있다면 멘델의 법칙에 따라 4개의 접합체 중 한 개가 질병을 물려받게 된다. 진단 후에 건강한 배아만을 이식할 수 있다. 이러한 징후는 매우 드물어서 독일에서는 해마다 200쌍 정도만이 이러한 상황에 있는 것으로 평가된다. 이러한 경우 부부에게 이미 아픈 아이가 태어난 경우가 많이 있다. 우선 이렇게 발병 유전자를 가지고 있을 부부의 유전자 검사를 일단 실시하고 배에서 해당되는 유전자 부분만 검사한다. 그러나 이러한 전이식검증은 독일에서 금지되어 있다. 유전병이 있는 태아는 임신 중에서 확인될 수 있는데, 즉 임신기 중 비교적 늦게 태아로부터 표본을 채취하여 유전자 검사를 한다. 이식하기 전에 조기 검사를 실시하면 태아를 임신 중에 제거하거나 사망하게 하는 경우는 피할 수 있다.

전이식검증을 실시하려면 배를 체외에서 수정시키고 몇 개의 세포를 검사해야 한다. 각 세포에서 이루어지는 테스트는 어렵고 손이 많이 가지만 이러한 유전자 검사는 오늘날 안전하고 확실성이 높은 방법으로 알려져 있다. 전이식검증이 오용, 남용될 가능성에 대해 우려의 목소리가 높지만 사실은 활용 가능성도 높고, 질병 유전자의 변이 후 유전자 상태를 읽을 수 있다는 이점이 더 크다.

## ④ 디자인된 아기? 원하는 대로 만들어지는 아기?

유토피아에서 '디자인된 아기'는 다른 종류의 유전자를 사용하는데, 손상되면 질병으로 연결되는 유전자가 아니라 사람의 장점과 좋은 특징을 결정하는 종류들이다. 이러한 유전자들에 대하여 알려진 것이 별로 없는데 그 이유는 알아낼 수 있는 방법을 모르기 때문이다. 사람 유전병의 경우 표현형을 통해 각 유전자의 기능을 인지할 수 있다. 다른 종류에서는 유전자와 표현형 간의 관련성에 대한 지식이 제한되어 있으므로 명확하게 분류하고 나열하는 것은 불가능하다. 사람 유전자의 기능에 대하여 쥐를 대상으로 실험하고 같은 변이를 유발시켜 그 결과에 대한 정보를 얻을 수 있다. 만약 유전자가 사람의 경우와 비슷한 생화학적 반응이 쥐에서도 일어난다면 많은 정보를 얻을 수 있다. 디자인된 아기와 관련하여 흥미로운 것은 이러한 능력이 쥐는 없으며 미적 개념이 사람의 경우와 절대적으로 다르다는 것이다. 결과적으로 모든 유전자는 이배체로 존재하므로 유전자 검사를 통해 얻는 분석 결과는 여러 대립 유전자(allele)일 것이다. 그러나 한 사람의 DNA를 분석하여도 이 사람이 어떤 특징을 가지게 될 것이고, 또한 그 유전자를 변화시키면 어떻게 달라질 것이라는 것도 예측하기 어렵다. 다음은 그러한 예측에 필요한 내용들이다.

1. 부모로부터 배아에 전달되는 유전자 변화에는 선택권이 없다.
2. 유전자만이 검사되고 특징은 아니다. 물론 유전자와 특징

간의 관계는 매우 복잡하다.
3. 특징들은 일반적으로 더 많은 유전자들의 작용을 통해 나타나게 되는데 이들은 여러 가지 염색체에 있고 핵 세포에는 관계없이 나눠게 된다. 통계적으로 예상과 결과는 거의 일치하지 않는다.
4. 일란성 쌍둥이의 경우 유전자가 완전히 일치하여도 나타나는 특징에는 차이가 있다. 이것은 많은 비유전인자들이 작용하여 특징들을 원칙적으로 예측하기 어렵게 한다는 것이다.

같은 이유에서 사람의 유전자 조작에서는 선택된 유전자로 유토피아를 표현한다는 것은 어려운 일이다. 물론 많은 연구가 진행되면서 더 많은 사실이 알려질 것이다. 그럼에도 불구하고 우리가 알고 있는 사람의 유전자 기능에 대한 지식으로 미래의 유아들이 어떤 특징을 가지는지 예측하는 것은 불가능하다. 적어도 우리가 알고 있는 장래에는 이러한 가능성이 예측에 대한 불확실성으로 실현하기 어렵다는 것이다.

## ⑤ 유전자 치료법

배반에서의 유전자 치료는 손상된 개체에 바른 유전자를 넣어서 현재 세대와 다음 세대들을 질병으로부터 해방하고자 하는 것이다. 이것은 매우 매력적으로 들린다. 그러나 아직까지도 생물체에서 유전자의 정확한 복사본을 넣어 모든 세포들이 이 유전자를 보유하게 하는 것과 여기에 더하여 유해하거나 예상하지 못한 부작용이 없도록 하는 치료법은 존재하지 않는다. 여기에는 설명이 필요한데 쥐, 파리, 어류의 경우에는 유전자가 삽입되는데 사람의 경우에는 왜 불가능한 것일까? 정확하게 유전자를 전달하는 것은 매우 어려우며, 성공 여부는 대상으로 한 동물체의 후손이 태어났을 때에 가능하다. 즉, 동물을 다루는 이러한 실험은 여러 세대를 다루고 수없이 많은 실패를 통해 성공할 수 있다. 사람의 경우는 시나리오도 전혀 다르게 전개될 것이다. 사람을 다루는 경우에는 (성공 가능성을 높이기 위해) 각 단계별로 다룸으로서 성공 가능성을 높이고자 한다. 그러나 이러한 확신은 불가능한데 일단 배아를 단일세포 단계인지 이세포 단계인지 알 수 없기 때문이다. 건강한 부모라면 배아도 건강할 것이며 전이식검증을 통해서 선택할 수 있다고 해도 모험과 불확실성을 수반하는 치료법임을 누구도 부인할 수 없을 것이다.

체세포 유전자 치료는 무엇보다도 몇 가지 유전자가 원인인 질병의 경우 가능하거나 적어도 가능성을 예상할 수 있다. 여기에 환자의 척수로부터 나와 혈액에서 생성되는 줄기세포에 환자에게 손상되어 있는 유전자를 넣어줄 수 있다. 이 세포들을 환자에게 다시 주사하면, 이 세포들은 증식되어 환자의 몸에서 만들어지지 못하게 되고 병의 원인이 되었던 단백질을 생산하게 되어 환자의 병은 완치되거나 병세가 완화된다. 이러한 방법은 이미 오랫동안 집중적으로 연구·개발되었지만 최근에서야 아주 적은 숫자의 경우에만 성공할 수 있었다. 물론 지금까지 시술된 방법도 모험적이지만 혈액에서 생성되는 세포에 유전자를 넣는 일이 항상 실패 없이 진행되지는 않으며 대부분의 세포들은 종양으로 변화될 수 있다. 이러한 문제들을 배아줄기세포를 활용하여 해결할 수 있게 되면 유전자 작업이 성공적으로 이루어진 세포들을 선택할 수 있다.

## ❻ 사람의 배아줄기세포

사람의 줄기세포는 1998년부터 배양할 수 있었다. 성공적으로 배양하는 일이 쉽지 않으며, 특히 여러 가지 다양한 윤리적 문제 때문에 이들에 대한 연구는 지속되지 못하고 있다. 쥐의 배아줄기세포의 경우와 같은 성공 가능성이 있을 것인지에 대해 확신할 수 알 수 없으며 분화 전능성 실험, 키메라를 만드는 일 등은 사람의 경우 실행될 수 없다. 무엇보다도 특정 세포 타입을 분해하고 다시 생성되지 않는 질병에 대하여 응용과 적용 가능성이 있는데 예를 들면, 소아당뇨(Typ 1)와 파킨슨병(Parkinson's disease), 다발성 신경 증후군 등이 대표적이다. 이러한 질병들은 아직까지 치료가 불가능하다. 얼마 전 미국에서는 쥐의 배아줄기세포를 증식시키는 데 성공하였고, 배양액에서 신경세포들도 분화시킬 수 있었다. 이들은 파킨슨병을 앓고 있는 동물체에서 증세를 분명히 완화시킬 수 있었다. 비슷하며 가능한 연구들이 당뇨 1형에 대하여 진행되고 있고 좋은 결과를 얻을 수 있을 것으로 보인다. 소위 성인의 줄기세포(체세포 조직에서 분리된 세포들이며 이들은 유산된 태아에서 분리되는 경우가 많다.)를 이용하여 이런 형태의 연구가 집중적으로 진행되고 있으며 아직까지는 실행 가능한 치료법은 개발되지 않았다. 원인은 성인의 줄기세포들은 발전단계가 지극히 제한되어 있고 배양액에서 증식되면 성질도 변하게 되기 때문이었다. 물론 이러한 세포들에서 단지 예외의 경우에만 유전자를 삽입할 수 있다. 즉, 이것으로 배아줄기세포를 다루는 연구에서도 성공 가능성을 볼 수 있다는 것을 의미하며 이러한 방법으로 불치병들의 치료도 곧 가능할 것이다.

치료할 때의 문제는 면역 반응이다. 조직과 기관 이식 과정에서 환자의 몸체는 스스로를 보호하고 외부로부터 방어할 목적으로 세포들은 면역 반응을 한다. 뇌 조직을 이식할 경우에는 이러한 면역 반응이 문제가 되지 않는데 그 이유는 뇌가 다른 몸체의 세포 조직보다 항원에 대해 월등하게 유연하게 대응하기 때문이다. 논란이 많이 되고 있지만 치료용 클론은 환자의 체세포로부터 핵을 분리하고 이 핵을 난자에(난자핵을 제거되었다) 이식하여 배반포를 만들면 이 세포는 환자의 유전자를 가지고 있으므로 환자와 유전적으로 같은 세포가 된다. 여기에서 배아줄기세포들을 분리하여 환자의 치료에 사용한다. 이렇게 하면 면역에 의한 거부 반응을 예방할 수 있다. 이러한 연구와 실험을 시행하는 데에는 여러 가지 면에서 많은 어려움이 있으며 지금까지는 성공률도 낮은 편이다. 영국에서는 배아줄기세포를 모아서 중앙에서 관리하기 시작했는데, 이들은 특정 환자로부터 세포를 분리하여 보관하며 이러한 제도는 장기이식을 위해서 기증자들의 데이터를 모아서 보유하고 선택하게 하는 시스템과 같다.

현재 사람의 배아줄기세포 배양이 독일에서는 금지된 상태이며 수입한 배양액 처리에 대하여 새로운 법으로 매우 엄격하게 규정하고 있다. 이 법에서는 배아줄기세포에 대한 연구를 '2002년 1월 1일 이전에 외국에서 만들어진 세포에 대한 연구'로 제한하고 있는데 이는 매우 비현실적이다. 따라서 외국의 연구자가 독일 측 연구자와 공동으로 연구하고자 하는 경우 독일 내에서는 실험 자체가 금지되어 있으므로 독일 내에서의 연구는 불가능하다. 정치가들과 법학자들이 결국 연구자들을 불신하므로 이러한 법이 제정되었다고 보여진다. 배아줄기세포에 대한 연구가 이미 다른 나라에서는 시행되고 있으나 독일에서는 금지되어 있으므로 나중에 경제, 과학기술적인 면에서 큰 대가를 치를 수도 있을 것이다. 사람의 배아줄기세포를 사용하는 치료법이 다른 나라에서 개발되면 독일 환자들에게는 생명에 치명적인 질병을 치유할 수 있는 기회가 줄어들 것이다. 따라서 이러한 연구가 이미 성공의 길에 접어들기 전에 연구에 참여하고 모험이 따르는 이러한 어려운 연구를 단지 다른 나라의 연구자들에게만 맡겨서는 안 될 것이다.

## ❼ 윤리적 관점에서 본 배아 연구

사람의 난자와 정자로부터 시작하여 수정되어 발생 및 성장하는 과정에서 과연 어느 시기부터 사람이라고 정의하고 규정할 수 있을까? 이미 언급하였지만 배아에 대한 윤리적 판단을 하는 것이 생물학에서 해야 할 과제는 아니다. 철학과 신학에서는 사람의 발생 과정에 대하여 정확히 명시하지 않고 있으며 정확한 관찰과 연구를 하지 않는 상태에서 논란은 계속되고 있다. 인간의 존엄성과 윤리에 대한 논쟁에서는 사람 배아세포의 보호받을 권리가 있는 시기에 대하여 많은 논란이 있다. 그러나 수정으로 시작되는 태아의 발생 과정은 지속적으로 진행되므로 단계를 완전히 분리하기가 어렵고 배아의 상태가 분명히 바뀌는 기능과 시점을 정의하기 매우 어렵다. 또한 발생 과정이 접합체를 형성하고 형성되는 생명체의 유전자가 구성되면 사람이 결정되는 조건이 갖추어졌다고 할 수 있는데, 이 또한 많이 논쟁되는 부분이다. 분명한 것은 수정된 닭이나 개구리의 배아는 모태가 없어도 계속해서 변화하여 발생 과정으로 들어갈 수 있다. 사람의 경우(포유류) 배아는 모태 내에서 착상하여 태어날 때까지 성장해야 한다. 접합체는 단지 낭포를 형성할 수 있는 가능성만 가지고 있고 낭포는 난자벽(외막)에서 전화하여 착상하면서 다음 단계인 발생 성장 과정으로 들어가게 된다. 생물학적으로 보면 배아가 직접 다른 세포와 접촉하여 다른 개체와 연결되는 과정에서 단계가 나뉘지 않고 연속적으로 일어난다. 수정된 난자세포에는 유전자의 프로그램이 완전히 갖추어져 있다. 이 프로그램을 실현하려면 배아는 집중적인 변화를 필요로 하고 다른 개체, 즉 모태와 공생해야 한다. 이것은 다른 것으로 대체되거나 다른 기능이 대신할 수 없다. 따라서 우선 착상되면 발생 포텐셜이 시작되고 출생으로 종결된다. 출생 과정을 통해서 사람이 되는 과정에 있던 개체는 분리된, 독립적인 생명체가 되어 호흡하면서 스스로 물질대사를 할 수 있게 된다. 포유류의 경우에는 출생 후에도 외부로부터 도움을 받아야 하지만, 모태가 없는 비상

사태에서도 생명을 유지할 수는 있는데, 이때부터 태아를 사람이라고 한다.

놀랍게도 대부분의 다른 나라에서는 배아의 보호받을 권리를 독일과는 전혀 다르게 평가하고 있다. 또한 독일에서는 자유로운 낙태법을 엄격한 배아보호법과 명확히 차별화하고 있다. 오늘날 적용되는 법은 항상 반복하여 이상한 모순과 앞뒤가 맞지 않고 분명히 윤리의 이중성이 있었다. 따라서 이 부분에서 서로 다른 입장을 이해시킬 필요가 있다. 그럼에도 불구하고 적어도 유럽에서는 조정을 통해서 유연하고 이성적이며 실질적으로 적용 가능한 규정을 만들어야 한다. 이러한 규정들은 물론 오남용되는 것을 근본적으로 막을 수 있는 장치도 포함하고 있어야 한다. 이외에도 의학 분야의 연구는 치료 가능성 자체가 윤리적 의미를 가지고 있으므로 금지하거나 방해해서는 안 된다. 추가로 의도하는 연구의 과학적 수준을 알리기 위해서 사람의 배아를 체외에서 다루는 것을 허가하는 것은 이미 충분히 실시된 동물 실험과 같이 높은 성공 가능성을 기대할 수 있는 실험인지 아닌지에 따라 다르게 적용해야 한다. 이러한 법은 체외에서 조작된 배아들, 예를 들면 배아줄기세포로 만드는 키메라 또는 핵이식을 통해서 만든 배아줄기세포를 자궁에 이식하여 임신하게 한다던가 하는 등의 연구는 금지하는 규정도 있어야 한다. 이러한 규정은 사실상 클론, 핵이식과 배아줄기세포를 연계하는 것을 금지시킬 것이다. 여기에서 가장 중요한 것은 오남용에 대한 공포를 없애는 것이 아니라, 의학 분야의 연구에 일조하여 환자의 아픔과 고통을 덜어 주는 것에 있다.

# 과학기술 분야 연대별 사건

B.C. 323?  발생과 유전에 대한 표현: 아리스토텔레스, 리케이온, 아테네, 그리스(3쪽 참조)

1735  동물과 식물 종들은 형태에 따라 분류: 칼 폰 린네, 웁살라대학, 스웨덴(4쪽 참조)

1784  사람 턱뼈에서 염증 발견: 요한 폴프강 폰 괴테, 바이마르(8쪽 참조)

1827  사람의 난자: 카를 에른스트 폰 베어, 쾨니스베르그대학, 러시아(15쪽 참조)

1852~1855  세포가 분열을 통해 생성된다(Omnis cellula e cellula): 로버트 레막, 베를린대학, 루돌프 비코우, 샤리테, 베를린(15쪽 참조)

1859  자연의 선택으로 이루어진 진화: 찰스 다윈, 다운하우스, 켄트, 영구(5쪽 참조)

1866  '식물하이브리드에 대한 연구': 그레고르 멘델, 아우구스티너수도운, 부륀, 뵈멘(11쪽 참조)

1869  핵산분리: 프리드리히미셔, 튀빙엔대학(44쪽 참조)

1885  배반이론: 어거스트 바이스만, 프라이부르크대학(26쪽 참조)

1888  난자와 정자의 수정: 오스카 폰 헤르트빅, 예나대학(19쪽 참조)

1900  멘델법칙의 재발견(13쪽 참조)

1902  염색체의 개별성: 테오도르 보베리, 뷔르츠부르크대학(24

| | | |
|---|---|---|
| | | 쪽 참조) |
| 1903 | | 유전의 염색체 이론: 월터 서턴, 뉴욕대학, 미국(23쪽 참조) |
| 1910 | | 난자세포의 극성, 해마와 지렁이의 비균형분열: 테오도르 보베리, 뷔르츠부르크대학(29쪽 참조) |
| 1911 | | X 염색체와 관련된 유전: 토마스 헌트 모르간, 컬럼비아대학, 뉴욕, 미국(35쪽 참조) |
| 1913 | | 재조합, 유전자 카드: 알프레드 스튜트번트, 컬럼비아대학, 뉴욕, 미국(39쪽 참조) |
| 1924 | | 양서류 배아 형성체: 한스 슈페만, 프라이부르크대학(31쪽 참조) |
| 1927 | | 뢴트겐에 의한 돌연변이: 헤르만 뮬러, 어스틴대학, 텍사스, 미국(40쪽 참조) |
| 1933 | | 거대염색체: 한스 바우어, 카이저빌헬름 생물학 연구소, 베를린(39쪽 참조) |
| 1941 | | 한 개의 유전자가 한 효소를 코딩한다: 게오르그 비들, 에드워드 타툼, 스탠포드에 있는 캘리포니아대학, 미국(43쪽 참조) |
| 1944 | | DNA에 의한 전이: 오즈월드 에이버리, 록펠러대학, 뉴욕, 미국(43쪽 참조) |
| 1952 | | 단백질은 감염성이 아니다: 알프레드 허시, 마르타 체이즈, 콜드스프링하버 연구소, 미국(44쪽 참조) |
| 1953 | | DNA의 이중나선, 컴플리멘터리구조: 제임스 왓슨, 프랜시스 클릭, 카벤디쉬 연구소, 케임브리지, 영국(44쪽 참조) |
| 1957 | | DNA의 반보존적인 자가복제: 매튜 메젤슨, 프랭클린 스탈, 하버드대학, 미국(49쪽 참조) |
| 1962 | | 유전자 코드를 설명하기 위해 RNA 합성: 마셜 니런버그, |

|      | |
|---|---|
|      | NIH, 베테스다, 미국, 고빈드 코라나, 위스콘신대학, 메디슨, 미국(47쪽 참조) |
| 1962 | 억제제와 전사 조절 : 프랑수아 자코브, 자크 모노드, 파스퇴르연구소, 파리, 프랑스(49쪽 참조) |
| 1965 | 개구리 클로닝 : 존 거든, 케임브리지대학, 영국(26쪽 참조) |
| 1969 | 닭-메추리-키메라에서 신경판의 기능 : 니콜 두아린, 국립과학연구소, CNRS, 프랑스(126쪽 참조) |
| 1973 | DNA 재조합, 유전기술의 발전 : 폴 베르그, 스탠리 코헨, 스탠포드대학, 허버트 보이어, 캘리포니아대학, 미국(52쪽 참조) |
| 1975 | 예쁜 꼬마선충-유전공학 : 시드니 브렌너, 의학연구소, 케임브리지, 영국(64쪽 참조) |
| 1975 | DNA 서열 : 월터 길버트, 하버드대학, 미국, 프레드 생어, 의학연구소, 케임브리지, 영국(53쪽 참조) |
| 1978 | 호메오 유전자의 조합 : 에드워드 루이스, CIT, 파사데나, 미국(91쪽 참조) |
| 1980 | 발생변이, 체절 유전자 : 크리스티아네 뉘슬라인폴하르트, 데릭 비샤우, EMBL, 하이델베르그(73쪽 참조) |
| 1979~1982 | 사이클린 의존성 키나제와 사이클린에 의한 세포 분열 조절 : 폴 널스, 에든버러대학, 스코틀랜드, 티모티 헌트, 케임브리지대학, 영국(113쪽 참조) |
| 1981 | 쥐의 배아줄기세포 : 마틴 에반드, 케임브리지대학, 영국(137쪽 참조) |
| 1983 | 호메오박스 : 윌리암 멕기니스, 월터 게링, 바젤 생물센터, 스위스, 메튜 스코트, 인디아나대학, 블루밍턴, 미국(91쪽 참조) |

| | |
|---|---|
| 1983 | 초파리의 전이 : 제랄드 루빈, 알랜 스프래딩, 카네기연구소, 볼티모어, 미국(59쪽 참조) |
| 1984 | 미세소관의 역동성 : 팀 미치슨, 마르크 킬쉬너, 캘리포니아대학, 미국(105쪽 참조) |
| 1985 | PCR(polymerase chain reacion) : 캐리 멀리스, 세트스(CETUS), 캘리포니아, 미국(53쪽 참조) |
| 1987 | 쥐 ES 세포에서의 상동 재조합 : 마리오 채피, 유타대학, 미국(138쪽 참조) |
| 1987 | 사람의 미토콘드리아 DNA 분석 : 알렌 윌슨, 캘리포니아대학, 버클리, 미국(184쪽 참조) |
| 1988 | 비코이드 농도구배 : 볼프강 드라이버, 크리스티아네 뉴스라인폴하르트, 막스프랑크 연구소, 튀빙엔, 독일(81쪽 참조) |
| 1996 | 클론된 양 : 이얀 윌머트, 로스건 연구소, 에든버러, 영국(195쪽 참조) |
| 1998 | 사람의 ES 세포 : 제임스 톰슨, 위스콘신대학, 메디슨, 미국(204쪽 참조) |
| 1998 | 다세포 생물(C.elegans)에서 최초로 유전자분석 : 존 설스턴, 웰컴 트러스트 생어 센터, 힌스톤, 영국, 윌리엄 워터스톤, 세인트루이스대학, 미국(179쪽 참조) |
| 2003 | 사람 유전자 분석 : 국제 인간 유전자 분석 컨소시엄(179쪽 참조) |

# 용어 정리

**2차신경배형성 과정**  외배엽에서의 신경관 생성 과정

**BMP**  외배엽에서 형성체에 의해 생성이 억제됨

**BMP 단백질(BMP protein)**  BMP 시그널에 의해 생성되는 단백질

**BMP 시그널(bone morphogenetic protein signal)**  개구리에서 인간에 이르 기까지 모든 척추동물에서 콜딘과 서로 공조하면서 세포에게 생명체의 방부(등) 또는 하부(배)가 될 것을 명령

**Ci**  전사과정 중 시그널 전달을 구성하는 요소의 변이 발생 시 생성되는 표현형

**DNA**  데옥시리보핵산. 유전자 기본 물질로 이중 나선 구조로 되어 있음

**DNase**  DNA를 가수분해하는 효소

**Dpp-단백질**  Dpp 유전자에 의해 만들어지는 단백질

**Dpp 단백질 농도구배**  Dpp 단백질의 여러 농도세기 분포도

**Dpp 유전자(Dpp gene)**  드카펜타프레직(decapentaplegic)의 줄임말

**ES세포 배양액**  ES세포가 자랄 수 있게 해주는 배양액

**mRNA**  DNA의 유전암호를 그대로 해독하여 전사에 의해 만들어지는 RNA의 한 종류

**p53 단백질**  DNA 자가복제 중 문제를 발견하여 문제를 발견하여 수정하는 단백질

**p53 변이**  종양세포에서 발견될 수 있는 변이 형태

**p53 유전자**  p53 단백질을 생성하는 유전자

**Rb 유전자**  세포분열을 멈추게 하는 유전자

**RNA**  리보핵산. 단일 나선 구조

RNA 중합효소(RNA polymerase)  RNA 형성에서 촉매 작용을 하는 일종의 효소

Sog-단백질  Sog 유전자에 의해 만들어지는 단백질

sry 유전자  남성을 결정하는 유전자

T-유전자(tail gene)  쥐에서 분리된 우성 표현형

TGF(transforming growth factor)  전환성장인자

tRNA  단백질 합성 시 아미노산을 리보솜까지 운반

각인(imprinting)  포유류의 조기발생 단계에서 활성유전자 성에 따라 다르게 표현됨

간충직(mesenchyme)  다세포동물의 발생기에 나타나는 상피조직 사이의 유리세포 집단과 세포간질로 된 결합조직

감수 분열(meiosis)  유성생식을 하는 생물이 생식세포를 형성할 때 일어나는 핵분열

갭 유전자(gap gene)  초파리 몸체 형성 과정에서 모성 유전자의 농도구배로 조절됨

게놈(genom)  한 생명체가 가지고 있는 모든 유전자

곤충강(hexapoda)  지구상 전 동물의 3/4을 차지, 다리가 6개, 몸이 머리·가슴·배로 구분

교배(hybridization)  두 개체 간 수정이 행해지는 현상

구아닌(Guanin)  분자식 $C_5H_5N_5O$. 2-아미노-6-옥시퓨린에 해당하는 핵산 구성성분인 퓨린 염기의 일종

구즈코이드(goosecoid)  여러 가지 전사인자 중 하나

귀판(placode)  외배엽의 세포 그룹으로 나중에 감각기관 형성

그레고르 멘델(Gregory Mendel)  오스트리아의 유전학자·성직자. '멘델의 법칙' 발견. 주요 저서로 《식물의 잡종에 관한 실험》이 있음

극세포(polar cell)  중생동물 이배충류(二胚蟲類)의 체피세포 중에서 몸의

앞 끝에 이환열(二環列)로 배열된 8～9개의 세포

**극체**(polar body) 난자의 성숙 분열 과정에서 부등 분열에 의해 방출되는 소세포

**난포세포** 난소 안에서 난포를 싸고 있는 세포

**난할**(cleavage) 수정된 후 배아가 여러 개의 작은 세포로 되는 분열 과정

**난황**(yolk) 난생동물의 성숙 미수정란 및 배에 함유되어 있는 영양물질

**난황주머니**(yolk sac) 수정할 때 알 표면에 밀착되어 있는 보호층

**낭배기**(gastrula stage) 동물이 발생하는 과정에서 포배(胞胚)의 세포층이 내부로 함입되면서 난할강 속으로 접혀 들어가는 시기

**낭배형성 과정**(gastrulation) 배아에 세 개의 세포층이 형성되는 과정으로 내배엽, 중배엽은 안쪽으로 들어가고 외배엽이 둘러싸여 있음

**낭포성섬유증**(cystic fibrosis) 염소 수송을 담당하는 유전자에 이상이 생겨 신체의 여러 기관에 문제를 일으키는 선천성 질병

**내배엽**(endoderm) 배아의 내부 세포층으로 후에 소화기관 형성

**내세포괴**(inner cell mass) 배반포의 내부 세포들로서 나중에 배아와 외부 배아세포막을 만듦

**네안데르탈인**(Neanderthal man) 플라이스토세(世) 후기의 민델리스 간빙기(間氷期)부터 뷔름빙기까지(약 3만 5000～10만 년 전) 구세계 전역에 분포해 있던 화석인류

**노치**(notch) 전사과정 중 시그널 전달을 구성하는 요소의 변이 발생 시 생성되는 표현형

**노테일 유전자**(no-tail gene) 형성체에 연결되어 있는 유전자

**농도구배**(gradient) 농도변화

**다족류**(myriapoda) 절지동물 중에서 다리가 많은 종류를 일컫는 말

**단백질 도메인**(protein domain) 특정 기능을 수행하는 일정한 아미노산 서열

**단위생식(parthenogenesis)** 단성생식 · 처녀생식. 유성생식에서 난세포가 수정하지 않은 상태에서 발생하기 시작하여 새 개체를 이루는 현상

**대립 유전자(allele)** 쌍이 될 수 있는 한 쌍의 유전자

**데옥시 리보즈(Deoxy ribose)** DNA 5탄당의 성분. D-2-디옥시리보오스라고도 함. 리보오스의 형태로 퓨린 및 피리미딘과 $\beta$-N-글리코시드 결합을 하여 디옥시리보뉴클레오티드가 되고, 이들이 서로 3과 5의 위치에서 인산디에스테르 결합을 통해서 연결되어 폴리디옥시리보뉴클레오티드를 만듦

**델타(delta)** 전사과정 중 시그널 전달을 구성하는 요소의 변이 발생 시 생성되는 표현형

**도그마(dogma)** DNA로부터 RNA를 거쳐서 일어나는 단백질 합성 기능

**도메인(domain)** 특정 기능을 수행하는 단백질 부분

**돌연변이(mutation)** 유전자 변화

**동력 단백질(engine protein)** 세포 안에서 물질의 이동을 연결해 주는 단백질

**동형접합체(homozygote)** 배우자의 모양 · 크기 등이 같은 동형배우자가 서로 합체하는 접합

**되새류** 참새목 되새과에 속하는 작은 새들의 총칭

**드카펜타프레직(decapentaplegic)** Dpp 유전자라고도 하며, 초파리와 애벌레의 구조변이 표현형

**등(dorsal)** 유전자에서 등쪽 위치를 나타냄

**라미닌(laminin)** 호르몬으로 후코이단에 포함되며 신장의 활동과 혈압을 조절함

**라스(RAS)** 인체 내에서 종양 형성에 관여하는 종양 유전자

**로버트 레막(Robert Remak)** 독일의 발생학자로 배아에서 내배엽, 중배엽, 외배엽의 존재를 발견함

로자린드 플랭클린(Rosalind Franklin)  영국의 화학자. DNA이중나선구조를 분석하여 결정구조를 밝힘으로 왓슨과 크릭이 DNA모델을 만드는 데 기본 데이터 구축

루이스 볼퍼트(Lewis Wolpert)  영국의 생물학자로 배아의 발생 과정 연구

리간드(ligand)  세포막에서 인식 단백질에 연결되는 시그널 분자

리보솜(ribosome)  단백질과 RNA로 되어 있으며, 단백질 합성이 시작되는 곳

리보솜 RNA(ribosome RNA)  리보솜에 있는 RNA

리보즈(Ribose)  분자식 $C_5H_{10}O_5$, 알도펜토오스의 일종. 리보핵산(RNA)·뉴클레오티드(ATP, NAD, FAD, CoA 등)·뉴클레오시드를 구성하는 당성분

매슈 메셀린(Matthew Meselson)  1958년 프랭클린 슈탈과 함께 DNA의 반보전적 자가복제 증명

멈춤 시그널(stop signal)  단백질 합성이 끝나는 곳으로 단백질 합성을 멈춤

멋진 신세계(Brave New World)  올더스 헉슬리(A.L.Huxley)의 1932년 작품. 문명이 최고도로 발달해 과학이 사회의 모든 부문을 관리하게 된 미래세계를 풍자적으로 그리고 있는 디스토피아적 풍자소설

모성 농도구배(marternal gradient)  모성유래 유전자의 농도 차이

모성 유전자(marternal gene)  인간의 모성을 촉발하는 유전자

미세섬유(microfilament)  액틴 분자로 된 타래. 세포 골격에 속함

미세소관(microtubule)  튜불린 분자로 된 체인으로 세포골격에 속함

미소체  진핵세포(眞核細胞)에서 보편적으로 볼 수 있는데, 그 기능과 성질은 생물과 조직의 종류에 따라 다름

미오디 유전자(myoD-gene)  형성체에 연결되어 체절 형성에 관여함

미오신(myosin)  액틴과 함께 근단백질의 주요 구성성분

미토콘드리아 DNA(mitochondria DNA)  미토콘드리아에 있는 DNA

박테리아(bacteria)  세포핵이 없는 단순 구조로 된 세균

반수체(haploid)  2배성세대가 생활의 대부분을 차지하는 식물로서 체세포 염색체가 2배성의 반수로 되어 있는 개체

방추사(spindel fiber)  세포가 유사분열할 때 핵이 변형하여 방추체가 되는데, 이때 양쪽 극 사이 및 양쪽 극과 염색체 사이를 연결하는 섬유다발

배(ventral)  복부

배반(blastodisc)  발아할 때에 배젖 분해물질 흡수에 관여하는 화본과 특유의 배적기관

배반엽(blastoderm)  난할이 진행되면서 배반의 중앙에 형성되는 세포층

배반포(blastocyst)  포유류의 포배. 공 모양 세포. 영양외배엽과 내부세포질로 되어 있음

배부 단백질(dorsal protein)  배부 발생 시 전사를 조절하는 단백질

배수체(polyploid)  생물의 염색체 수가 보통 개체 $2n$의 배수가 되어 있는 상태

배아줄기세포(embryonic stem cell, ES-Cell)  배아의 발생 과정에서 추출한 세포로서 모든 조직의 세포로 분화할 수 있는 능력을 지녔으나 아직 분화되지 않은 세포

배우자(gamete)  생식체

배포(vesicula germinativa)  동물의 미성숙란(난모세포)의 성장기에서 환원 분열(還元分裂)에 이르는 사이에서 일반 세포핵에 비하여 핵이 훨씬 대형으로 된 상태

배포강(cavitation)  상실배 중앙에 형성되며 상실배가 포배가 되게 함

번역(translation)  RNA를 번역하여 단백질 합성

변연대(marginal zone)  수초를 함유하는 흰색의 척수 백질

변태(metamorphosis)  애벌레에서 파리로 되는 과정

**돌리**  다 자란 양의 체세포를 복제해서 태어난 새끼양

**분열 방추사**(division spindle fiber)  세포 분열 시에만 생성되고 딸핵으로 나뉘어짐

**비코이드 구배도**(bicoid gradient)  비코이드 유전자 농도분배

**비코이드 단백질**(bicoid protein)  난세포의 세포질은 모체 유전자로부터 오는 메신저 RNA를 함유. 그 중의 하나가 '비코이드'라는 단백질을 합성하는데, 이것은 파리의 머리에서 꼬리로 진행되는 분화 과정의 구성을 맡는 형태 발생적 실체가 됨

**비토락스 콤플렉스**(Bitorax complex)  비토락스 유전자 단위

**사상위족**(filopodia)  원생동물 중 방사족충이 갖고 있는 것으로 길고 가는 것이 특징

**사이클린**(cyclin)  세포주기마다 생성되었다가 분해되는 단백질

**상실배**(morula)  다세포동물의 배 발생 과정에서 수정란이 세포 분열하여 세포의 모임이 된 것

**상피세포**(epithelium)  이차원적으로 밀집되어 있는 세포층

**상피조직**(epithelial cell)  동물체 내외의 모든 표면을 덮고 있는 조직

**상피층**(epithelium)  몸의 외표면이나 체강 및 위·장과 같은 내강성 기관의 내표면을 싸고 있는 세포층

**생식선**(gonad)  여자의 난소, 남자의 전립선

**샴 쌍둥이**(siamese twins)  신체의 일부가 결합되어 있는 쌍둥이

**서열**(Sequence)  게놈에 있는 특정 DNA 단편을 구성하는 염기들의 서열

**선충류**(nematoda)  선형동물문의 한 강(綱)

**성염색체**(sex chromosome)  암수의 성을 결정하는 데 중요한 구실을 하는 염색체

**성장인자 FGF**(fibroblast growth factor)  양서류의 연골 끝에서 사지가 될 부분의 길이를 연장시키는 단백질

**성체줄기세포(adult stem cell)**　필요한 때에 특정한 조직의 세포로 분화하게 되는 미분화 상태의 세포

**성충판(imaginal disk)**　대부분의 파리와 딱정벌레, 나방, 그리고 나비의 유충에는 휴지상태에 머물러 있지만, 다양한 기능을 갖는 다른 세포로 전환될 수 있는 미분화 상태의 세포로 이루어진 성충판이 존재함

**세포골격(cytoskelette)**　세포를 구성하는 엮어 놓은 실 모양 분자로서, 미세섬유와 미세소관이 이에 속함

**세포막(cell membrane)**　세포의 최외층을 둘러싸고 있는 막

**세포사멸(apoptosis)**　상황에 따라 이미 프로그램된 세포의 죽음

**세포외기질(extercellular matrix)**　세포 밖에 위치해 세포와 세포를 연결하는 물질

**세포질(cytoplasm)**　세포핵을 제외한 세포 구성물

**소그(Sog)**　절지동물에서 농도구배를 고정하는 단백질

**소닉 헤지호그(sonic hedgehog)**　시그널 전달 체인에 관여하는 유전자

**소마(soma)**　생명체를 구성하는 체세포의 전체

**수란관(obiduct)**　자궁관. 난자를 자궁으로 보내는 나팔 모양의 관

**수정(fertilization)**　난자와 정자가 새로운 개체를 이루기 위해 하나로 합쳐지는 일

**시드니 브렌너(Sydney Brenner)**　영국의 생물학자. 예쁜꼬마선충 연구에 박테리아 유전자분석법을 적용하여 실험하였음

**식충동물(insectivore)**　곤충을 먹는 동물

**신경관(neural tube)**　외배엽에서 생성되고 중앙 신경시스템으로 발전

**신경배형성(neurulation)**　척추동물·원색동물 등의 발생 초기의 낭배에 이어지는 한 시기

**신경세포**　신경을 구성하는 세포

**신경제세포(neural crest cell)**　신경습이 융합하여 신경관을 형성할 때 외

배엽으로부터 분리되는 세포조직

**신경판(neural plate)** 몸 안으로 이동하여 여러 구조를 만드는 신경관(neural tube) 윗부분에 있는 세포 그룹

**쌍지배 유전자(pair rule gene)** 초파리 배의 체절형성 시 13번째 핵분열 과정에서 발현되는 유전자

## 아

**데닌(Adenin)** 화학식 $C_5H_5N_5$. 아미노퓨린의 구조를 가짐. 생물에서 얻어지는 염기성 물질로, 생체 내에서는 핵산·ADP·ATP의 구성성분으로 함유되어 있음

**아미노산 합성** 단백질의 구성성분을 만드는 것

**안테나페디아 콤플렉스(antennapedia complex)** 안테나페디아 유전자 단위

**액틴(actin)** 근육을 구성하는 단백질로 G-액틴에 중성염을 가하면 섬유상의 F-액틴이 생김. F-액틴은 거대한 분자이며 전자현미경으로 관찰하면 G-액틴이 중합되어 이중나선을 이루고 있음

**야생형(wild type)** 자연 상태의 유전자를 가지고 있는 것(돌연변이가 일어나지 않은 유전자를 가짐)

**양막(amnion)** 배아의 외부 보호막

**어거스트 바이스만(August Weisman)** 독일의 발생학자·유전학자. 자연선택을 진화의 주요 원인이라 주장

**억제제(repressor)** 전사를 중단시키는 전사인자

**에드워드 루이스(Edward Lewis)** 초파리 유전자 그룹 발견

**에르빈 사르가프(Erwin Chargaff)** DNA의 이중 상보구조를 발견

**에른스트 헤겔(Ernst Hegel)** 독일의 철학자. 칸트 철학을 계승한 독일 관념론의 대성자

**엑디손(ecdyson)** 변태 촉진 호르몬

**엑손(exon)** DNA에서 번역되어 단백질로 만들어지는 부분

**여포(follicle)** 동물의 내분비선 조직에서 여포세포가 모여 이루어진 중공

(中空)인 공 모양의 구조

**연체동물(mollusca)** 몸에 뼈가 없으며 발이 붙어 있는 위치에 따라 생물 구분하며 알을 낳아 번식하는 동물계의 한 문(門)

**염기서열(base sequence)** 염기들의 배열

**염색분체(chromatid)** 유사분열 전기와 중기에 걸쳐 염색체가 세로로 2분 되었을 때 그 염색체의 한 가닥

**염색질(chromatin)** 세포핵 속에 존재하며, 헤마톡실린 등의 염기성 색소로 염색되는 물질

**염색체(chromosome)** 세포핵에서 유전자를 가지고 있는 실 모양의 구조물

**영양세포** 곤충의 생식세포(알과 정자)에 필요한 영양을 공급하는 세포

**영양외배엽(trophoectoderm)** 배반포의 외부 세포층

**오즈월드 에이버리(Oswald Averi)** 면역화학의 기초를 확립하고 유전 물질을 밝혀낸 미국의 세균학자. 형질전환 연구

**올더스 헉슬리(Aldus Huxuley)** 영국의 소설가 · 비평가

**외배엽(ectoderm)** 배아의 외부 세포층으로 후에 피부, 신경시스템 형성

**요막(allantois)** 배반포 단계에서 호흡과 배설을 가능하게 하는 배아 외부막

**우라실(uracil)** 화학식 $C_4H_4N_2O_2$. 피리미딘 염기의 유도체. RNA 속에 함유되어 있음. 무색의 침상결정(針狀結晶)

**원구(blastopore)** 양서류와 어류의 낭배형성 과정에서 합입되어 생성되는 통로

**원생식세포(primodial germ cell)** 생식세포와 접합체로 되는 세포

**원조(pimitive streak)** 닭, 태아의 배아에서 길이가 안쪽 방향으로 갈라지는 부분

**원조(primitive streak)** 배반(blastodisc)에서 내배엽세포들이 진입 (ingression) 되어 길게 갈라진 틈

**원종양 유전자(protooncogene)** 종양 유선사의 변이되지 않은 상태

원체절(somite) 척추동물의 배에서 중배엽으로부터 체축에 따라 생기는 분절

월터 서턴(Walter Sutton) 미국의 세포학자 성염색체에 관한 연구로 유전학에 세포학적 기초 부여

윈트(wint) 시그널 전달 체인에 관여하는 유전자

윙리스(wingless) 전사과정 중 시그널 전달을 구성하는 요소의 변이 발생 시 생성되는 표현형

유사분열(mitosis) 세포 분열 과정에서 염색체가 나타나고 방추사가 생기는 핵분열의 한 형식

유양막류(amniota) 척추동물 중 발생 과정에서 양막·장막·요막을 가지는 동물

유전자(gene) 유전 정보를 전달하는 기본 단위. 단백질과 RNA를 코팅하는 DNA로 되어 있음

유전자 변이(transgene) 외부로부터 들어오는 유전자를 가지고 있는 생물체

유전자 활성(gene activity) 유전자가 읽혀지고 단백질로 번역됨

유전자형(genetype) 생물체 개체의 특성을 결정짓는 유전자의 결합양식

이뮤노글로불 도메인(immunoglobule domain) 단백질 도메인의 한 종류

이배체(diploid) 염색체 조를 2개 가진 개체나 세포

이분자(dimer) 두 개의 분자가 결합한 형태

이븐 스킵트(even-skipped) 쌍지배 유전자의 하나

이븐 스킵트 변이주(even-skipped mutant) 이븐스킵트 유전자가 변이된 형태

이형접합체(heterozygote) 특정한 유전자에서 질(質)·양(量)·배열순서 등이 다른 배우자의 접합으로 생긴 개체

인식 단백질(receptor protein) 시그널을 인식하는 단백질

**인테그린(integrine)** 세포의 유착이나 이동 등에 관여하는 알파 및 베타 서브유닛(기본 구성단위)으로 구성된 이종체(heterodimer) 세포막 단백질로서 세포에 따라 여러 종류가 존재

**인트(int)** 암 유전자

**인트론(intron)** 유전자에서 전사는 되나 번역되지 않는 부분

**인헨서(enhancer)** 유전자의 DNA 부분으로 단백질에 연결되어 유전자 활성 조절

**자가복제(replicaition)** DNA를 스스로 복제

**자궁(uterus)** 포유류 암컷의 생식기로서 배아가 발생 생장하는 곳

**자크 모노드(Jaque Monod)** 프랑스의 생화학자 세균의 유전현상을 연구하여, 효소의 합성을 제어하는 유전자의 존재를 확인하고 구조를 해명한 오페론설 주장

**장막(chorion)** 영양막 조직과 혈관이 있는 중배엽으로부터 발생되고, 자궁벽과 융합하여 태반 형성

**재조합(recombination)** 감수 분열 과정에서 같은 두 개의 염색체 간에 일어나는 교환

**전사(transcription)** DNA에서 RNA가 생성되는 과정

**전사인자(transcription factor)** 단백질로서 유전자의 프로모터 또는 인헨서에 연결하여 전사 조절

**전사체** 세포에서 만들어지는 mRNA의 총체

**전성설** 수정란이 발생하여 성체가 되는 과정에서 개개의 형태·구조가 이미 알 속에 갖추어져 있어 발생하게 될 때 전개된다는 학설

**전이식 검증(preimplantation diagnosis, PID)** 조기이식진단으로 이식하기 전 배아세포의 유전자 검사

**절지동물(arthropoda)** 몸이 작고 여러 개의 환절로 이루어져 있음. 곤충류, 갑각류 등이 이에 속함

**접합인자(zygotic factor)**  세포 간 접합을 가능하게 하는 단백질로 세포 안에 있음

**접합적 유전자(zygotic gene)**  초파리 유전자로서 비코이드(bicoid), 오스카(oskar), 토르소(torso) 유전자를 가리킴

**접합체(zygote)**  수정 후 생성된 이배체 난자세포

**정크 DNA(junk DNA)**  기능이 없는 DNA

**제브라 다니오(Zebra danio)**  인도 동부지역 및 방글라데시가 원산지인 몸의 길이 5cm 정도의 잉어과 난생 송사리

**제임스 왓슨(James Watson)**  미국의 분자생물학자. F.H.크릭과 공동연구로 DNA의 구조에 관하여 2중나선 모델 발표(1953)

**존 거든(John Gurden)**  올챙이의 내장 세포에서 분리한 핵을 자체 핵이 제거된 난자에 이식하는 실험을 함

**존 설스턴(John Sulston)**  영국의 생물학자. 예쁜 꼬마선충의 게놈을 완전히 분석함

**종양 유전자(oncogene)**  종양세포 유전자

**종양억제 유전자(tumor suppressor gene)**  일반 세포 분열을 억제하는 유전자

**줄기세포(stem cell)**  분열과정을 통해 재생. 분화세포를 만들게 하는 세포

**중배엽(mesoderm)**  배아에 있는 중간세포층으로 나중에 근육, 심장, 난소(전립선) 등의 기관이 됨

**중배엽(mesoderm)**  중간 엽으로 나중에 근육조직, 심장 · 혈액과 다른 내부 기관으로 변화됨

**중심립(centrosome)**  중심체 속에서 2개가 서로 직각으로 배열된 기관

**중심체(centrosome)**  동물 및 균류 · 조류 · 이끼류와 같은 하등식물의 세포질 안에서 핵 가까이 위치하고 있는 소기관

**진핵생물(eukaryote)**  세포에 막으로 싸인 핵을 가진 생물

**진핵세포**(eukaryote)  핵막으로 둘러싸여 있는 핵을 가지고 있는 세포

**착상**(implantation)  수정(受精)한 난자가 자궁 점막에 붙어 모체의 영양을 흡수할 수 있는 상태가 됨

**찰스 다윈**(Charls Darwin)  영국의 생물학자. 생물진화론 정립에 큰 공헌. 주요 저서로 《종의 기원》이 있음

**창조론**  우주 만물이 어떤 신적 존재의 행위에 의해 만들어졌다고 보는 이론

**척색**(chorda dorsalis)  척추동물과 원색동물을 합친 척색동물에서, 일생 또는 발생의 일정시기에 척골에 해당하는 위치에 존재하는 지지조직

**척색동물**(chordata)  동물분류학상의 한 문으로 발생 초기의 배에 척색이 형성된다고 하여 붙여진 이름

**체세포**(somatic cell)  생물체를 구성하고 있는 세포 중에서 생식세포 이외의 세포

**체외수정**(in vitro fertilization, IVF)  암컷의 체외에서 이루어지는 수정

**체절**(somite)  척추동물 배아의 중배엽에서 체절로서 척추, 근육, 피하피부 생성

**체절 극성 유전자**(segment polarity gene)  형성된 부체절을 안정화시키고, 부체절 내 세포의 역할 결정

**체절 단위**(segmentation)  체절은 동물의 몸에서 앞-뒤 축을 따라 반복적으로 배열되는 분절적(分節的)인 입체 구조의 단위로 지렁이와 같은 환형동물과 곤충과 같은 절지동물에서 볼 수 있음

**체절구성**(segmentation)  동물의 몸에서 앞-뒤 축을 따라 반복해서 형성되는 분절적(分節的)인 입체구조의 단위

**체절구성 유전자**(segmentation gene)  초파리 배의 체절구조 완성 유전자

**축색돌기**(axon)  신경세포에서 나온 긴 돌기. 신경세포 전달 부분

**카를 에른스트 폰 베어**(Karl Ernst von Baer)  독일의 동물발생학자. 근대

발생학을 확립함

**카벤디시(Cavandish) 실험실**  케임브리지대학교에 있는 실험실

**칼 폰 린네(Karl von Linne)**  스웨덴의 식물학자. 생물분류법의 기초 확립

**캐더린(cadherine)**  세포막의 외부 구조

**코돈(Codon)**  DNA를 전사하는 mRNA의 3염기 조합, 즉 mRNA의 유전 암호의 단위

**코드(code)**  번역(translation)되는 부위

**코르딘(cordin)**  세포 밖에서 신호를 억제하는 것으로 BMP를 억제하여 신경세포로 분화하는 역할을 함

**콘터간(contergan)**  1957년 독일 그뤼네탈 제약 회사에서 만든 수면과 진정 효과가 있는 탈리도미드 성분이 함유된 의약품

**크닙스(knirps)**  갭 유전자의 일부

**크로마뇽인(Cro-Magnon man)**  호모 사피엔스에 속하는 화석인류

**클론(clone)**  같은 게놈을 가지는 세포들이나 생물체

**키나제(kinase)**  인산기를 전달하는 효소

**키메라(chimara)**  다른 종류의 생물체 세포로부터 만들어진 잡종형

**키틴질(chitin)**  곤충류나 갑각류의 외골격을 이루고 있는 물질

**탈리도미드(thalidomid)**  수면제의 한 원료물질

**태반(placenta)**  포유류 배아의 영양 공급을 담당하며, 배아와 모태 조직으로부터 생성

**테스토스테론(testosteron)**  포유류의 고환에서 추출되는 스테로이드계의 웅성(雄性) 호르몬

**테오도르 보베리(Theodor Boveri)**  독일의 동물학자. 실험발생학에 있어서는 염색체의 발생 및 분화의 관계와 염색체의 개체성 등을 연구

**토르소 단백질(torso protein)**  인식 단백질

**토마스 헌트 몰간(Thomas Hunt Morgan)**  20세기 초 미국의 생물학자로

유전학 연구에 초파리가 적절하다는 것을 발견함

**투명대(zonapellucide)**   난막의 바깥에 위치하고 있으며 하나의 정자만 받아들이는 역할을 함

**튜불린(tubulin)**   둥근 모양의 단백질로 미세소관을 형성

**티민(Thymin)**   화학식 $C_5H_6N_2O_2$. 5-메틸우라실이라고도 함. 성형(星形) 또는 바늘 모양의 결정

**파라셀수스 폰 호헨하임(Paracelsus von Hohenheim)**   중세 연금술사

**포배(blastula)**   다세포 동물의 초기 발생에서 난할기에 이어지는 원장 형성이 개시되기까지의 배

**표시 돌연변이(marker mutation)**   실험용으로 사용하는 표시용 돌연변이

**표현형(phenotype)**   겉으로 드러나는 형질

**푸시타라주 변이주(Fushi-tarasu mutant)**   푸시타라주 유전자가 변이된 형태

**프랑수아 자코브(Francoise Jocob)**   프랑스의 분자생물학자. 1961년 J.L. 모노드와 공동으로 대장균을 이용하여 유전자의 단백질 합성에 대한 조절 능력을 밝힌 오페론설 제창

**프란시스 클릭(Francis Crick)**   영국출생. 제임스 왓슨과 함께 DNA 2중 나선모델을 발표함

**프랭클린 슈탈(Franklin Stahl)**   1958년 매슈 메셀린과 함께 DNA의 반보전적 자가복제를 증명함

**프로모터(promotor)**   전사를 시작하고 RNA 폴리머라제 연결 부위가 있는 유전자의 DNA

**프리드리히 미셔(Friedrich Miesher)**   스위스의 생물학자. 1869년 핵산을 처음으로 발견함

**플라스미드(plasmid)**   세균의 세포 내에 염색체와는 별개로 존재하면서 독자적으로 증식할 수 있는 DNA의 고리 모양인 유전자

**플라스미드 DNA**   염색체 외의(extrachromosomal) DNA로 게놈(genomic)

DNA 이외의 DNA

**피질(cortex)**  세포막 안에 있는 미세섬유로 된 조직

**한스 슈페만(Hans Spemann)**  독일의 동물학자. 세포의 분열, 분화와 조직, 기관의 형성 요인 등을 탐구하고, 수정체의 유도(誘導)와 신경판 형성의 연구로부터 형성체이론(形成體理論)에 도달한 획기적인 업적을 이뤄 1935년에 노벨상 수상

**할구(blastomere)**  수정란에서 난할에 의하여 생긴 세포로 2세포기에서 포배기까지의 세포

**합포성 영양막(syncytiotrophoblast)**  영양막세포에서 세포질 분열이 일어나지 않은 상태에서 핵분열이 일어난 다핵성 상태

**합포체(syncytium)**  네 개의 핵이 있는 조직이나 세포

**항생물질(neomycin)**  생물, 특히 미생물에 의하여 만들어지는 물질로서 세균이나 그 밖의 미생물의 발육과 생활 기능을 저지 또는 억제하는 의약품

**허(her)**  형성체에 연결되어 체절 형성에 관여함

**헌치백 유전자(hunchback gene)**  초파리 돌연변이인 패치(patch, 헝겊 조각), 런트(runt, 발육 부진의 동물), 헌치백(hunchback, 곱사등)은 배가 발생하는 과정에서 맨 처음 나타나는 형태의 혼성 트리오

**헌팅톤 무도병(huntington's disease)**  얼굴·손·발·혀 등의 근육에 불수의적(不隨意的) 운동장애를 나타내는 증후군

**헨센결절(hensen's node)**  원조의 앞부분에 반원 모양으로 부풀어있는 부분으로 척색이 붙어있는 신경판 하부

**혈통이론**  찰스 다윈이 주장. 생명체는 생물학적 매커니즘의 결과로 진화하면서 변화를 방어하고 변화한다는 이론

**형성체(organizer)**  외배엽에서 원구 배순부의 주위 세포를 조직하고 신경시스템 생성에 관여함

형태발생 유전자(morphogen gene)  농도에 따라 다른 효과와 작용을 나타내게 하는 물질

형태학(morphology)  생물체의 모습 또는 내부구조에 대해 연구하여 어떤 법칙성을 탐구하는 생물학의 분야

호메오 도메인(homeodomain)  많은 전사인자들에 있는 단백질 도메인

호메오 박스(homeo box)  DNA 염기서열

호메오틱 돌연변이(homeotic mutation)  돌연변이 발생 시 몸의 한 기관을 다른 기관과 비슷하게 만드는 돌연변이

호메오틱 유전자(homeotic gene)  돌연변이 발생 시 몸의 한 기관을 다른 기관과 닮게 만드는 유전자

호미니드(hominidae)  원시 인류

혹스 유전자(hox gene)  전사인자를 코딩하는 호메오 도메인의 한 유전자 그룹

환형동물(annelida)  고리 모양의 체절 구조를 가진 무척추동물군의 총칭

활성인자(activator)  전사를 촉진하는 전사인자

활성인자(activation factor)  유전자를 활성화시키는 물질

히스톤(Histone)  단순 단백질. 보통의 단백질에서 볼 수 있는 아미노산을 대부분 함유하고 있음

# 찾아보기

BMP 97, 174
Ci 99
DNA 이중나선구조 44
DNA 자가복제 49
DNase 44
Dpp 174
FGF 144
mRNA 46
RNA 중합효소 49
Sog 174
sry 유전자 148
TGF 97

### ㄱ

간충직 109
갈라파고스 제도 5
감각세포 98
감수 분열 150
강장동물류 172
갭 유전자 86
거대염색체 39
교차 38
구아닌 44

그레고르 멘델 11
극세포 58
극체 114

### ㄴ

난자세포 65
난포세포 65
난황주머니 129
낭배기 19
낭배형성 123
내배엽 66
노치 98
녹아웃 쥐 139
농도구배 61, 62
농도구배도 84
농도구배 시스템 173

### ㄷ

다능성 117
다양성 6
단백질 도메인 54
단성잡종교배 12

대립 유전자 11, 162
데옥시리보스 46
델타 96, 97, 98
도그마 51
돌연변이 40, 147
돌연변이주 35
돌연변이형 33
동력 단백질 107
동물의 클론 195
동종번식 147
동질 재조합 138
동형접합체 12, 72
되새류 5
드카펜타프레직 96

### ㄹ

로버트 레막 15
로자린드 프랭클린 45
루돌프 피르호 16
리간드 94
리보솜 16
리보즈 46

### ㅁ

모성 유전자 76
모성 농도구배 86
미세섬유 105, 107

미세소관 105
미소체 1
미소체 형성 192
미오신 105
미토콘드리아 17

### ㅂ

반수체 23, 24, 43
방추사 18, 24, 106
배반 26, 58, 128
배반엽 69
배반포 132, 137, 154, 195
배수체 114
배아 21, 65
배아줄기세포 204
분열 방추사 23
비코이드 81
비토락스 콤플렉스 92

### ㅅ

사람원숭이 185
사상위족 112
사이토신 44
상동 유전자 168, 169
상보적 45
상피세포 136
상피층 104

생식세포 28
성충 단계 2
성충판 68, 96
세포외기질 104
수란관 132
시그널 97
시그널 전달 94
신경관 126
신경세포 98
신경판 177
신경포배 66
신구동물류 173
쌍지배 유전자 98

## ㅇ

아데닌 44
아리스토텔레스 3
안테나페디아 유전자 91
안테나페디아 콤플렉스 91
액틴 105
야생형 33
양막 129
양수 129
억제제 49, 63
에른스트 헤켈 9
엑디손 68
엑손 55
연체동물 172

연체동물 4
염색분체 151
염색질 17, 18
염색체 13, 16
영양세포 65
영양외배엽 133
예쁜 꼬마선충 18, 64
오스카 76, 84
오즈월드 에이버리 43
외배엽 66
요막 130
원구 125
원구류 173
원조 128
원종양유전자 165
원체절 126
월터 서턴 23
윈트 97
윙리스 96, 98
유사 분열 113
유양막류 168
유전 법칙 14
유전자 코드 47
유전자형 40, 41
유충 단계 2
유토피아 191
이배체 23, 114
이븐 스킵트 89
이수체 151

이중 상보구조 45
이형접합체 12, 58
인그레일드 89
인식 단백질 93
인테그린 109
인트 97
인트론 55
인헨서 56, 79, 86
일란성 쌍둥이 158

제임스 왓슨 44
조절 부위 56
종양 유전자 165, 166
종의 기원 5
줄기세포 117
중배엽 66
중심립 18, 21
중심체 105
진핵세포 171
진화 8

## ㅈ

자연 단위생식 22
자연도태 7
자크 모노드 51
장막 133
재조합 37
전사 51
전사인자 54
전사체 87
전이 147
전이식검증 199
전후체축 조직 126
절지동물 4, 172
접합 유전자 76
접합체 19, 23, 24, 72
정지코돈 55
정크 DNA 179
제브라다니오 120

## ㅊ

찰스 다윈 5
척삭동물 4
척색 120
체세포 28
체세포 유전자 치료 203
체세포 분열 18
체절 극성 유전자 89, 98
체절 모델 87
체절화 175
초파리 34, 35, 65, 71
축색돌기 111

## ㅋ

카를 에른스트 폰 베어 4, 15
칼 폰 린네 3, 4

캐더린 107
코돈 47
크닙스 76
클론 26, 52, 194
키틴질 64

## ㅌ

탈리도미드 156
테스토스테론 149
테오도르 보베리 22
토마스 헌트 몰간 35
투명대 132
튜불린분자 105
티민 44

## ㅍ

파라셀수스 폰 호헨하임 192
포배 19, 123, 125
폴플라스마 84
표시 돌연변이 73
표현형 33, 40, 41, 64, 71, 76, 98
푸시 타라주 89

프랜시스 클릭 44
프로모터 49, 56, 81
프리드리히 미셔 44
플라스미드 51

## ㅎ

한스 슈페만 31
함입 110
합포성 영양막 154
합포체 113
헤지호그 89, 96, 97, 98
혈통 이론 10
형성체 31, 62, 126, 128, 143
형질전환 유전자 58
형태인자 63
형태학 42
호메오 도메인 81, 92
호메오틱 돌연변이 91
호메오틱 유전자 91
호모 사피엔스 186
혹스 유전자 92
혼성이중가닥형성 52, 53
히스톤 55

## 살아있는 유전자

지은이 • 크리스티아네 뉘슬라인폴하르트
옮긴이 • 김 기 은
펴낸이 • 조 승 식
펴낸곳 • 도서출판 이치
등록 • 제9-128호
주소 • 142-877 서울시 강북구 수유2동 258-20
www.bookshill.com
E-mail • bookswin@unitel.co.kr
전화 • 02-994-0583
팩스 • 02-994-0073

2006년 7월 20일  제1판 1쇄 인쇄
2006년 7월 25일  제1판 1쇄 발행

값 15,000원
ISBN 89-91215-35-1

* 잘못된 책은 구입하신 서점에서 바꿔드립니다.

• 이 도서는 도서출판 북스힐에서 기획하여 도서출판 이치
에서 출판된 책으로 도서출판 북스힐에서 공급합니다.
전화 • 02-994-0071
팩스 • 02-994-0073